烏龍麵！
うどん

中華麵！

ちゅうかめん

一個人的
快樂麵食趴
輕鬆又簡單的獨享時光

因為是麵食，所以快速又簡單！
一人份也能輕鬆做！

前言

沒時間的時候、等不及白飯煮好的時候……
只要家裡有麵條就會讓人很放心。
不但一下子就能做好，放什麼配料也都可以，
就算只做一人份，也能確實填飽肚子，
所以我覺得麵食實在很厲害。
在我家也是這樣，不管是在假日的中餐，
還是想輕便吃的晚餐，都是麵食活躍登場的時候。
稍微花點功夫就能美味品嘗，
無論是分量滿滿的一盤還是簡便的一碗，
都能隨心所欲。就算是想偷懶的日子，
和第一次做飯的人，也都能做出美味，這就是麵食的好處呢。

這本書從基本麵食到意外組合的各種麵食料理都有介紹，
總之都是簡單的食譜，請輕鬆試作看看，
也可把食譜當作基礎，試著改用你喜歡的麵條或配料喔。

請找到自己獨愛的麵食料理並樂在其中吧！

市瀨悦子

目錄

PART 1 超簡單麵

PART 2 烏龍麵

PART3 中華麵

PART4 義大利麵

PART 5 蕎麥麵．素麵

煮麵的方法

首先介紹煮麵的基本方法，只要一點小訣竅，就能讓麵更好吃，所以一定要記起來喔！

冷凍麵（烏龍麵）

1 把鍋裡滿滿的水煮滾，再直接放入冷凍狀態的烏龍麵。

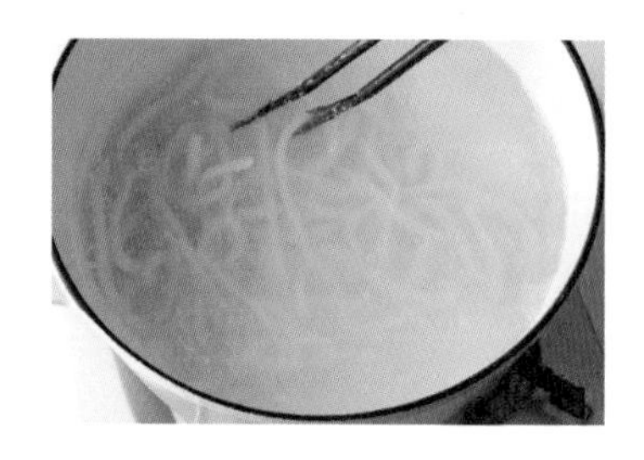

2 在能輕輕撥開麵條之前，維持大火來煮，然後按照包裝上標示的時間，一邊煮一邊用料理筷撥散麵條。

3 煮好了就把麵條倒到濾網上瀝乾。
※熱食的時候請直接使用。

4 把調理碗裝滿水，在水流下揉洗麵條，洗去黏性，然後把麵條放到濾網上瀝乾，再換水反覆揉洗 2 ～ 3 次，讓麵條緊實。

5 把麵條放到濾網上確實瀝乾，只要把濾網傾斜晃動，殘留的水分就容易滴落。

〈使用微波爐時〉

把冷凍麵連同包裝內袋放在耐熱盤上，依標示時間加熱。

※在食譜裡為了速成，所以使用微波爐來煮麵。

生麵（中華麵）

1 一球生麵（一人份）適合使用直徑21公分以上的鍋子。為了讓麵容易展開，下鍋前要輕輕把麵條鬆開。

2 把鍋裡滿滿的水煮滾再下麵。然後馬上一邊用料理筷撥散麵條，一邊按照包裝上標示的時間煮，並注意調小火侯別讓水滾溢出。

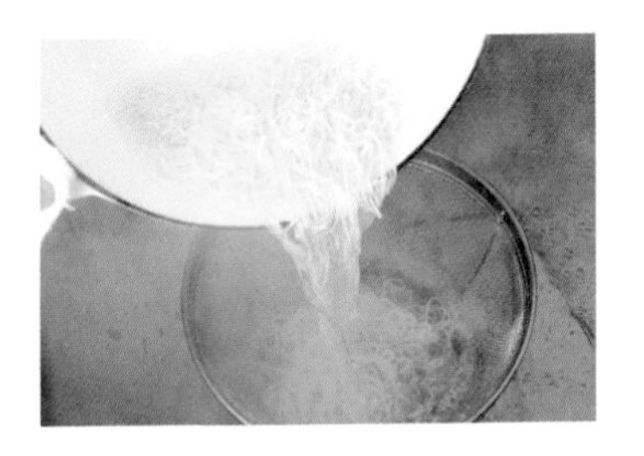

3 煮好後把麵倒到濾網上瀝乾。要作炒麵或湯麵時，麵可以煮稍微硬一點，要作冷麵時，就可以煮軟一點。
※熱食的時候請直接使用。

4 把調理碗裝滿水，在水流下揉洗麵條，洗去黏性，然後把麵條放到濾網上瀝乾，再換水反覆揉洗2～3次，讓麵條緊實。

5 把麵條放到濾網上確實瀝乾，只要把濾網傾斜晃動，殘留的水分就容易滴落。

義大利麵

1 80g的義大利麵(一人份)，需要煮沸2公升的熱水，並加入1大匙稍多的鹽巴(熱水量的1%)。用兩手握住麵條，像擰東西一樣輕轉放入鍋內。

2 馬上讓義大利麵沉進熱水裡，一邊用料理筷撥散麵條，不讓麵條相黏，一邊按照包裝上標示的時間煮，並注意調小火保別讓水滾溢出，其間再撥散麵條1～2次。
※若需要使用煮麵的水，請在這時取出備用。

3 煮好後把麵倒到濾網瀝乾。要作炒麵或湯麵時，麵可以煮稍微硬一點，要作冷麵時，就可以煮軟一點。
※熱食的時候請直接使用。

4 把調理碗裝滿水，在水流下揉洗麵條，洗去黏性，然後把麵條放到濾網上瀝乾，再換水反覆揉洗2～3次，讓麵條緊實。

5 把麵條放到濾網上確實瀝乾水分，只要把濾網傾斜晃動，殘留的水分就容易滴落。

乾麵（蕎麥麵・素麵）

1 乾麵（蕎麥麵）100g（一人份）適合使用直徑21公分以上的鍋子。 把鍋裡滿滿的水煮沸，再把麵條展開放入。

2 馬上用料理筷撥散麵條，因為麵條入鍋後，很容易在二次煮沸前沾黏，所以要注意。水滾之後，把火侯調小，按照包裝上標示的時間煮。

3 煮好後把麵倒到濾網上瀝乾。要作炒麵或湯麵時，麵可以煮稍微硬一點，要作冷麵時，就可以煮軟一點。

4 把調理碗裝滿水，在水流下揉洗麵條，洗去黏性，然後把麵條放到濾網上瀝乾，再換水反覆揉洗４～５次，讓麵條緊實。

5 把麵條放到濾網上確實瀝乾水分，只要把濾網傾斜晃動，殘留的水分就容易滴落。
※熱食時，再用熱水加熱。

本書的基本事項。

- 材料都是一人份。
- 1小匙是5ml。1大匙是15ml，1杯是200ml。
- 微波爐的加熱時間是以600W為基準，使用500W時，請把加熱時間調整為1.2倍。此外，加熱時間會因機種而有所差異，請視情況進行調整。
- 食譜內的雞蛋是使用L尺寸。

PART 1

超簡單麵

麵煮好了，只要放上配料攪拌就行！
真的是馬上就能完成的超簡單麵食。
就算是在「今天什麼都不想做！」的日子裡，
只要是這些超輕鬆麵食，也能在不知不覺中完成。

釜玉蔥花起士烏龍麵

超輕鬆麵食裡的最常見基礎料理——釜玉烏龍麵。烏龍麵一煮好，就趁熱拌上蛋黃享用，加上起士粉更是好吃！

材料（1人份）

冷凍烏龍麵…1球
青蔥（切成蔥花）…3根
起士粉…1大匙
蛋黃…1顆
醬油…2小匙

作法

1. 烏龍麵按照包裝指示使用微波爐加熱，然後盛盤。
2. 在步驟1的麵條上放蔥花，灑上起士粉，再放上蛋黃，然後滴上一圈醬油。

鱈魚子奶油醬油烏龍麵

鱈魚子與奶油的黃金組合是不會出錯的美味！擠點檸檬汁後，會比外表看起來還要清爽入口。

材料（1人份）

冷凍烏龍麵…1球
鱈魚子…半條（40g）
檸檬（切成瓣狀）…1瓣
奶油…10g
粗磨黑胡椒、醬油…各少許

作法

1 把鱈魚子掰碎。
2 烏龍麵按照包裝指示使用微波爐加熱，然後放進調理碗裡。
3 把步驟1的鱈魚子加在步驟2的麵條上，整體拌勻後盛盤。然後擠點檸檬汁，放上奶油，灑上黑胡椒，最後淋上一圈醬油。

洋蔥柴魚冷拉麵

最適合炎熱夏天的冷拉麵。最後加上洋蔥、柴魚片、鹽味昆布完成清爽的口味，就算沒有食慾的時候，也能滑溜溜吃下肚。

材料（1人份）

中華生麵⋯1球
洋蔥⋯1/4顆
柴魚片⋯1小袋（3g）
鹽味昆布⋯1.5大匙
A｜柑橘醋醬油⋯1大匙
　｜麻油⋯1小匙

作法

1 洋蔥切成薄絲浸水，然後瀝乾水分，放入調理碗內，加上柴魚片、鹽味昆布拌勻。
2 中華生麵煮過，再用冷水洗過，瀝乾水分後盛盤。
3 把步驟1的材料放在步驟2的麵條上，再淋上混合後的A。

溫泉蛋起士榨菜拌麵

榨菜與茅屋起司的組合意外美味！
再放上濃稠滑溜的溫泉蛋，把中華麵變化成西式口味。

材料（1人份）

中華生麵…1球
調味榨菜…1.5大匙
茅屋起司…6大匙
A 麵味露（3倍濃縮）…1大匙
　韓國辣醬、麻油…各1小匙
溫泉蛋…1顆
辣油…少許

作法

1. 把調味榨菜切成細絲。
2. 中華生麵用熱水煮熟，再用冷水洗麵，瀝乾水分。
3. 把A的調味料放進調理碗裡拌勻，再把步驟1的榨菜、步驟2的麵條以及茅屋起司加進去攪拌，盛盤後放上溫泉蛋，並淋上辣油。

鮪魚和蔥的美乃滋烏龍麵

像吃沙拉一樣的涼麵風烏龍麵。用大家最喜歡的鮪魚美乃滋，配上韭蔥、生薑、麵味露，超搭！

材料（1人份）

冷凍烏龍麵…1球
鮪魚罐頭…半罐（40g）
韭蔥…1/3根
生薑（磨成泥）
…1/4個大拇指指節的分量
麵味露（3倍濃縮）…1大匙
美乃滋、辣油…各適量
海苔細絲…適量

作法

1. 把罐頭鮪魚的湯汁瀝乾，韭蔥斜切成薄片後，立刻泡一下水，然後瀝乾水分。把鮪魚、韭蔥、薑泥放入調理碗內，整體拌勻。
2. 按照包裝指示使用微波爐加熱烏龍麵，再用冷水洗麵，接著瀝乾水分後盛盤。
3. 把步驟1的材料加在步驟2的麵條上面，淋上麵味露、美乃滋、辣油之後，再放上海苔細絲。

紅紫蘇奶油柑橘魩仔魚義大利麵

利用紅紫蘇粉的香氣來完成清爽的日式義大利麵。奶油與紅紫蘇粉的絕妙搭配，讓人忍不住大口吃完一整盤。

材料（1人份）

義大利麵…80g
魩仔魚…1.5大匙
紅紫蘇粉…1小匙
A | 柑橘醋醬油…1小匙
  | 奶油…10g
鴨兒芹（切段）…適量

作法

1. 用加入（額外）適量鹽巴的熱水煮義大利麵。
2. 把步驟1的麵條和魩仔魚、紅紫蘇粉放入調理碗裡，加進A後拌勻裝盤，再放上鴨兒芹。

鮪魚和蔥的美乃滋烏龍麵

紅紫蘇奶油柑橘魩仔魚義大利麵

芽菜和泡菜的溫泉蛋蕎麥麵

泡菜跟蕎麥麵的組合是絕品美味。溫泉蛋緩和了泡菜的嗆辣，也很適合用來作為酒後的結尾。

材料（1人份）

蕎麥麵（乾麵）…100g
芽菜…1/3束
白菜泡菜…50g
溫泉蛋…1顆
A｜醬油…2小匙
　｜麻油…1/2大匙
　｜炒白芝麻…1/2大匙

作法

1 把芽菜的根部切掉，白菜泡菜切成容易入口的大小。
2 蕎麥麵用熱水煮熟，再用冷水洗過，瀝乾水分後放入調理碗裡。
3 把步驟1的材料連同A加入步驟2的麵條裡拌勻，盛盤後再放上溫泉蛋。

醃漬金針菇與酪梨的山葵義大利麵

義大利麵加上酪梨的濃郁味道和醬油醃漬金針菇的鮮味，就是好吃。市售山葵醬的刺激辣味也對美味有幫助。

材料（1人份）

義大利麵…80g
醬油醃漬金針菇…3大匙
酪梨…半顆
A | 麵味露（3倍濃縮）…1小匙
橄欖油…1/2大匙
市售山葵醬…1/4小匙
四季蔥（斜切）…適量

作法

1 酪梨切成1cm見方。
2 用加入（額外）適量鹽巴的熱水煮義大利麵。
3 把A的調味料放入調理碗裡混合，再加進步驟2的麵條，以及醬油醃漬金針菇和步驟1的酪梨拌勻，盛盤後放上四季蔥。

豆腐納豆義大利麵

豆腐的圓潤滋味，緩和了納豆的黏性與味道。就算是不擅長吃納豆的人也很容易入口，請一定要試試。

材料（1人份）

義大利麵…80g
木棉豆腐…1/3塊（100g）
納豆…1盒
納豆的附加醬汁…1包
A ｜麵味露（3倍濃縮）…1大匙
　｜麻油…1大匙
青海苔粉…適量

作法

1 把豆腐放在調理碗裡，用叉子壓碎，然後把納豆和附加的醬汁加進去，好好拌勻。
2 用加入（額外）適量鹽巴的熱水煮義大利麵。
3 把A的調味料倒進另一個調理碗裡攪拌混合，然後加入步驟2的麵條拌勻，盛盤後，再放上步驟1的材料，並把調理碗裡剩下的麵味露淋上，最後灑上青海苔粉。

香芹與堅果的橄欖油醬油素麵

以堅果口感作為焦點的乾拌麵。素麵加上橄欖油與醬油，也是個新鮮的組合。

材料（1人份）

素麵…2束（100g）
綜合堅果（下酒菜用）…4大匙
香芹（切碎）…2大匙
A ｜醬油…2小匙
　｜橄欖油…2小匙

作法

1 把綜合堅果切成粗丁。
2 用熱水煮素麵，再用冷水洗過，瀝乾水分。
3 把A倒進調理碗裡混合後，再把步驟2的麵條、步驟1的堅果以及香芹加進去拌勻。

豆腐納豆義大利麵

香芹與堅果的橄欖油醬油素麵

美味筆記

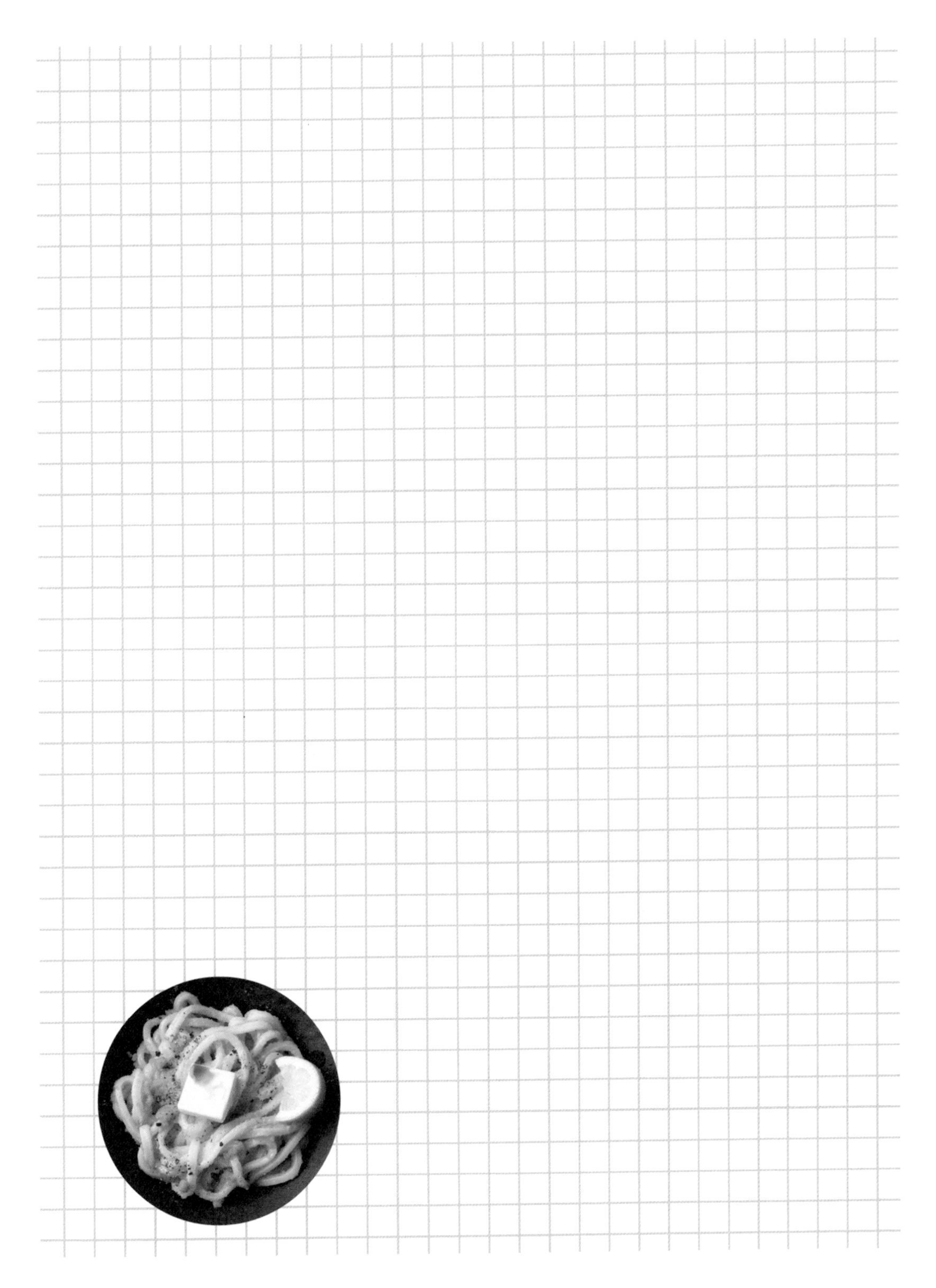

COLUMN 01

只要有就很方便的佐料

佐料是襯托麵食美味的重要配角，
這裡要介紹幾樣常備好用的佐料，不管跟什麼麵都很搭。

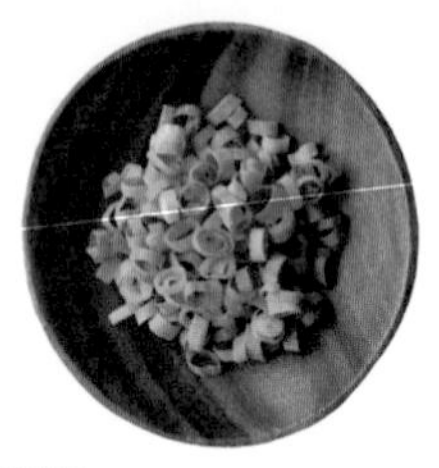

四季蔥

跟什麼都能搭，真的是萬用，切成蔥花就能跟各種麵食搭配。

生薑

生薑的辣味很適合用來襯托，就算加到沾汁裡也很好吃。

蘘荷

切成絲後使用，會有獨特的風味，是大人喜歡的佐料。

青紫蘇

紫蘇用手撕開就會香味四溢，在想吃清爽一點時也很推薦。

韭蔥（白蔥絲）

跟四季蔥比起來，雖然香氣較少，但清脆的口感很好吃。

〈白蔥絲的作法〉

把韭蔥的蔥白部分切成5cm的長度，縱切去芯後，沿著纖維切成細絲即可。

PART 2

烏龍麵

大人和小孩都喜歡的烏龍麵，
魅力就在那軟 Q 的口感跟滑溜入口的感覺。
跟魚、肉搭配也很契合，不管熱著吃還是冷著吃，
都具有美味。

香酥魩仔魚乾與炸麵衣碎屑的醬汁烏龍麵

魩仔魚乾炒得香脆，這樣的口感和味道是重點！而且還加進了炸麵衣碎屑和蛋黃，很有飽足感，想要飽餐一頓時，非常推薦。

材料（1人份）

冷凍烏龍麵…1球
魩仔魚乾…2大匙
炸麵衣碎屑…2大匙
韭蔥（切成蔥花）…適量
蛋黃…1顆
麻油…1/2大匙
A | 麵味露（3倍濃縮）…1大匙
生薑（磨成薑泥）…1/4個大拇指指節的分量
冷水…1/4杯
七味辣椒粉…適量

作法

1. 把麻油倒進平底鍋，用小火加熱，再放入魩仔魚乾炒4～5分鐘，等焦黃得恰到好處，就拿出來放入調理碗裡，加入炸麵衣碎屑攪拌。
2. 烏龍麵按照包裝指示使用微波爐加熱後，用冷水洗過再瀝乾水分，盛盤。
3. 把步驟1的素材和韭蔥放上步驟2的麵條，再灑上七味辣椒粉。然後把A的調味料混合後淋上，最後再放上蛋黃。

鯖魚泡菜的鮮味與鹽味烏龍麵

鯖魚與泡菜的絕妙搭配！因為是鹽味湯汁，所以麵條的白很明顯，加上泡菜的紅與四季蔥的綠，是款讓人大飽眼福的麵。

材料（1人份）

冷凍烏龍麵…1球
水煮鯖魚罐頭…半罐（100g）
白菜泡菜…50g
四季蔥…3根

A
- 酒…1/2大匙
- 雞湯粉…1/4小匙
- 鹽…1/4小匙
- 蒜頭（磨成泥）、胡椒…各少許
- 冷水…1/3杯

作法

1. 瀝乾鯖魚湯汁，再分成大塊，放進調理碗裡。白菜泡菜切成方便食用的大小，四季蔥切成5cm長段，然後一起加進調理碗裡。
2. 烏龍麵按照包裝指示使用微波爐加熱後，用冷水洗過再瀝乾水分，盛盤。
3. 把步驟**1**的食材整體拌勻後，放在步驟**2**得麵條上，再把**A**調味料混合淋上。

烤雞肉的親子豆漿烏龍麵

明明是用罐頭快速簡單完成的，但卻是把調味烤雞肉、豆漿和麵味露以及溫泉蛋確實調和的深度滋味。

材料（1人份）

冷凍烏龍麵…1球
烤雞肉罐頭…1罐（85g）
溫泉蛋…1顆
A | 麵味露（3倍濃縮）…1.5匙
  | 豆漿…1/4杯
炒白芝麻…適量

作法

1. 烏龍麵按照包裝指示使用微波爐加熱後，用冷水洗過再瀝乾水分，盛盤。
2. 在步驟 1 的麵條上放上烤雞肉、溫泉蛋，然後把 A 混合後淋上，再灑上白芝麻。

蔬菜滿點的味噌芝麻烏龍沾麵

要讓蔬菜吃起來美味，味噌芝麻沾醬是關鍵。稻庭烏龍麵風味的滑溜口感，就算是在沒有食慾的時候，也能享用。

材料（1人份）

冷凍烏龍麵（稻庭式）…1球
四季豆…6根
高麗菜…1片（50g）

A
- 麵味露…2小匙
- 味噌…1大匙
- 白芝麻粉…2大匙
- 冷水…1/2杯

作法

1. 四季豆對半橫切；高麗菜切成一口大小。四季豆大約煮1分鐘，高麗菜快速汆燙後放進濾網裡瀝乾水分。
2. 烏龍麵按照包裝指示使用微波爐加熱後，用冷水洗過再瀝乾水分，然後再用竹篩盛盤。
3. 在步驟2的麵條旁放上步驟1的配菜，再把A混合後放入碗內，用烏龍麵沾著享用。

肉醬烏龍麵

把大量的肉醬和麵一塊拌著吃，再配上軟稠的半熟水煮蛋跟清脆的蔬菜，一盤就給人飽足感。

材料（1人份）

冷凍烏龍麵⋯1球
常備肉醬（請參考下方介紹）⋯1/3的量
小黃瓜⋯1/3根
韭蔥⋯1/4根
水煮蛋（半熟）⋯1顆

作法

1 小黃瓜切絲，韭蔥切絲後泡一下水，再瀝乾水分。水煮蛋對半切。
2 烏龍麵按照包裝指示使用微波爐加熱後，用冷水洗過再瀝乾水分，盛盤。
3 在步驟 2 的麵條上放上肉醬，然後擺上步驟 1 的食材。

常備肉醬

把肉醬先做起來備用，突然需要時就能幫上大忙。
烏龍麵、中華麵、義大利麵等等，不管搭配哪種麵都很適合，
可以增加麵食的口袋料理種類。

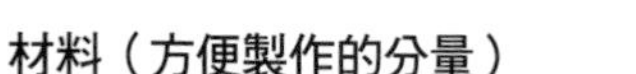

材料（方便製作的分量）

※約3餐的分量
豬絞肉⋯300g
蒜頭（切碎）⋯1瓣的分量
韭蔥（切成粗丁）⋯1根的分量
豆瓣醬⋯1/2小匙
A 醬油⋯1大匙
酒⋯4.5大匙
紅味噌（若無則使用味噌）⋯1.5大匙
砂糖⋯1大匙
太白粉⋯2/3小匙
麻油⋯1/2大匙

作法

在平底鍋倒入麻油，把蒜頭、韭蔥、豆瓣醬加進去，用中火拌炒。爆香後下豬絞肉拌炒，絞肉變色後就把 A 的調味料加進去，拌炒到濃稠狀為止。把肉醬放到方盤上放涼，然後再裝進保存容器裡用冰箱冷藏，食用期限大約是一週。

雞肉與煎蔥段的雪見烏龍麵

煎過的雞肉香味十足，加上煎蔥段的甜味和蘿蔔泥的清爽口感，是會讓人忍不住大快朵頤的一碗麵。不論男女都會喜愛的大人風味烏龍麵。

材料（1人份）

冷凍烏龍麵…1球
雞腿肉…半片（120g）
韭蔥…半根
蘿蔔泥…80g
沙拉油…1小匙
A | 麵味露（3倍濃縮）…1大匙
  | 鹽…1/3小匙
  | 水…2杯
鴨兒芹（切段）…適量

作法

1. 雞肉切成一口大小；韭蔥切成5cm長段。
2. 在平底鍋倒入沙拉油，以稍大的中火加熱，把步驟1的雞肉以雞皮朝下的方式放入鍋內，等煎到焦黃時，加進韭蔥一起煎，隨後起鍋。
3. 把A的素材放進鍋裡混合，開中火煮開後，加入步驟2的材料。撈去浮末後，以稍小的中火再煮大約3分鐘，然後加入一半分量的蘿蔔泥混合。
4. 烏龍麵按照包裝指示使用微波爐加熱，盛盤後淋上步驟3的湯汁，再擺上剩下的蘿蔔泥與鴨兒芹。

南瓜與玉米的味噌奶油烏龍麵

南瓜與玉米的自然甜味跟味噌和奶油的濃郁美味很搭，是暖心又暖胃的一碗麵，也很適合當成宵夜。

材料（1人份）

冷凍烏龍麵…1球
南瓜…80g
玉米罐頭…4大匙
A 麵味露（3倍濃縮）…1大匙
　水…2杯
味噌…1.5大匙
奶油…適量

作法

1. 南瓜切成1cm厚度的扇形；玉米粒瀝乾湯汁。
2. 把A的素材放進鍋內混合，以中火煮開後加入步驟1的材料，以稍小的中火煮大約4～5分鐘。讓味噌融入後，再煮沸一次。
3. 烏龍麵按照包裝指示使用微波爐加熱後盛盤，淋上步驟2的湯汁後，再放上奶油。

路邊攤風味的醬炒烏龍麵

用竹輪、高麗菜這些家裡現成的材料就能輕鬆完成炒烏龍麵。淋上大量的中濃醬並灑上海苔粉，給你像在吃路邊攤的氛圍感受。

材料（1人份）

冷凍烏龍麵…1球
竹輪…小尺寸2根
高麗菜…2片（100g）
A | 酒…1小匙
中濃醬…3大匙
鹽、胡椒…各少許
沙拉油…1小匙
海苔粉、紅薑…各適量

作法

1 竹輪斜切成薄片；高麗菜切成一口大小；烏龍麵按照包裝指示使用微波爐加熱。
2 沙拉油倒進平底鍋，以中火加熱，炒高麗菜，菜葉變軟之後，加入竹輪、烏龍麵跟A的調味料，然後快炒。
3 把步驟2的炒麵盛盤，最後灑上海苔粉，添上紅薑。

肉豆腐烏龍麵

把很受歡迎的肉豆腐小菜與烏龍麵搭配在一起的新點子，輕鬆就能品嘗到吃完壽喜燒之後作為收尾的烏龍麵味道。

材料（1人份）

冷凍烏龍麵…1球
牛肉片…60g
木棉豆腐…1/3塊（100g）
韭蔥…半根
韭蔥蔥綠部分…半根
蛋…1顆
A | 醬油、味醂…各1.5大匙
砂糖…1大匙
水…1/2杯
七味辣椒粉…少許

作法

1 豆腐用手撕成一口大小；韭蔥與蔥綠部分斜切成1cm厚度；烏龍麵按照包裝指示使用微波爐加熱。
2 把A的調味料放進平底鍋混合，以中火加熱，煮開後放進牛肉跟步驟1的豆腐和韭蔥，不時翻炒，以稍小的中火煮大約5分鐘。
3 把步驟1的烏龍麵裝進食器裡，淋上步驟2的湯料，打上一顆蛋，最後灑上七味辣椒粉。

路邊攤風味的醬炒烏龍麵

肉豆腐烏龍麵

秋刀魚罐頭與茼蒿的柑橘醋芥末拌烏龍麵

蒲燒秋刀魚的甜味跟生茼蒿的苦味與柑橘醋的酸味，達成了絕妙的平衡。加進去的一點點橄欖油成了整合全體的角色。

材料（1人份）

冷凍烏龍麵（稻庭式）…1球
蒲燒秋刀魚罐頭…1罐（100g）
茼蒿…1/3袋（30g）

A
- 柑橘醋醬油…1/2大匙
- 橄欖油…1/2大匙
- 芥末籽醬…1小匙

作法

1. 秋刀魚瀝乾湯汁，分成大塊；把茼蒿葉子摘下。
2. 烏龍麵按照包裝指示使用微波爐加熱後，用冷水洗過再瀝乾水分。
3. 把A的調味料放進調理碗裡混合，再把步驟1和步驟2的材料加進去拌勻，然後盛盤。

材料（1人份）

冷凍烏龍麵⋯1球
豬碎肉片⋯60g
香菇⋯2朵
沙拉油⋯1/2大匙
咖哩粉⋯1/2大匙
A | 麵味露（3倍濃縮）⋯1/4杯
　| 水⋯1.5杯
太白粉水⋯3大匙
（太白粉1大匙＋水2大匙）
韭蔥（切成蔥花）⋯適量

作法

1 香菇切成薄片。
2 沙拉油倒進鍋內，以中火加熱炒豬肉片，肉色改變後加入步驟1的香菇片拌炒，炒軟後再加入咖哩粉，拌炒到不見粉為止。最後加入A的調味料，煮開後加入太白粉水勾芡。
3 烏龍麵按照包裝指示使用微波爐加熱後盛盤，然後淋上步驟2的湯料，再放上蔥花。

蕎麥麵店的咖哩烏龍麵

想在家吃到像麵店一般的滋味，祕密就在咖哩粉，美味的製作祕訣就是要把咖哩粉好好炒過，充分帶出香氣。

泰式炒麵風烏龍麵

魚露的香味能挑起食慾，把炒金邊粉這種泰式炒麵用烏龍麵呈現，只要使用稻庭風格的烏龍麵，就連口感都能作得相似。

材料（1人份）

冷凍烏龍麵（稻庭式）… 1 球
蝦仁… 5 顆
豆芽菜…半袋（100g）
韭菜…1/4束（25g）
蛋… 1 顆
蒜頭（切碎）…1/3瓣的分量
沙拉油…1/2大匙

A | 魚露… 2 小匙
蕃茄醬、砂糖、檸檬汁…各1/2小匙
一味辣椒粉…少許

花生（切碎）…適量
香菜（切碎）、檸檬（切成瓣狀）…各適量

作法

1. 蝦仁如果有腸泥的話要去除。韭菜切成5cm長段；蛋打成蛋液；烏龍麵按照包裝指示使用微波爐加熱。
2. 把沙拉油倒進平底鍋，放入蒜頭後以中火加熱爆香。然後放進步驟 1 的蝦仁，等蝦仁變色後，依序加入豆芽菜和蛋液拌炒，再加入步驟 1 的烏龍麵和混合後的 A 以及韭菜快炒。
3. 把步驟 2 的料理盛盤，灑上花生，添上香菜和檸檬片。

水菜的明太子奶油烏龍麵

明太子與奶油的組合跟烏龍麵搭配也很適合，加上水菜的清脆口感，是一道馬上吃光光的麵品。

材料（1人份）

冷凍烏龍麵…1球
水菜…1株（30g）
明太子…半條（40g）
奶油…10g
海苔…適量

作法

1 水菜切成5cm的長度，然後把明太子剝散開來。
2 烏龍麵按照包裝指示使用微波爐加熱後放入調理碗內。
3 把奶油加進步驟2的麵條裡攪拌，再加上步驟1的食材拌勻，然後盛盤，把海苔撕碎放上。

土手燒烏龍麵

烏龍麵確實吸飽了充滿牛肉和牛蒡鮮味的湯汁，可以品嘗到土手燒那有深度的美味。灑點一味辣椒粉讓它發揮辛辣作用。

材料（1人份）

冷凍烏龍麵⋯1球
牛肉片⋯80g
牛蒡⋯1/3根（60g）
沙拉油⋯1小匙

A
- 酒⋯1.5大匙
- 味醂⋯1/2大匙
- 醬油⋯少許
- 味噌⋯1大匙
- 砂糖⋯1/2大匙

珠蔥（切成蔥花）⋯適量
一味辣椒粉⋯少許

作法

1. 牛蒡切成絲後快速泡一下水瀝乾，烏龍麵按照包裝指示使用微波爐加熱。
2. 沙拉油倒進平底鍋以中火加熱，然後把步驟1的牛蒡絲炒過，炒軟後加進牛肉片，肉色改變後，再把步驟1的烏龍麵跟混合好的A加進去拌炒。
3. 盛盤後放上珠蔥，灑上一味辣椒粉。

豬肉番茄的薑燒烏龍麵

熱騰騰的薑汁燒肉跟涼爽的烏龍麵一同享用，番茄的酸味跟豬肉的特性絕配，帶有滿足感的一道麵食。

材料（1人份）

冷凍烏龍麵…1球
豬碎肉片…60g
番茄…1小顆（80g）
洋蔥…1/4個
沙拉油…1小匙
A 醬油…2小匙
酒…1/2大匙
味醂…1/2大匙
生薑（磨成泥）…1/3個大拇指指節的分量
砂糖…1小匙
萵苣（撕成一口大小）…適量
美乃滋…適量

作法

1. 番茄切成瓣狀；洋蔥橫切成1cm寬度。
2. 烏龍麵按照包裝指示使用微波爐加熱，再用冷水洗過瀝乾，盛盤。
3. 沙拉油倒進平底鍋以中火加熱，一邊把豬肉和步驟1的洋蔥煎上色，一邊拌炒，等肉色改變、洋蔥變軟後，加進步驟1的番茄和混合好的A快炒。
4. 把步驟3的食材倒在步驟2的麵條上，然後添加萵苣和美乃滋上去。

滑菇蛋花烏龍麵

因為滑菇的濃稠感，讓人可以美味享用到沾滿湯汁的蛋跟麵，是讓人放鬆的溫和滋味，不論年紀多大，任誰都會喜歡。

材料（1人份）

冷凍烏龍麵（稻庭式）…1球
蛋…1顆
滑菇…1袋（100g）
A | 麵味露（3倍濃縮）…4大匙
　| 水…1.5杯
芽菜（切掉根部）…適量

作法

1. 蛋先打成蛋液；滑菇放進濾網，快速清洗。
2. 把A的素材倒進鍋裡混合，開中火，煮開後，加進步驟1的滑菇快煮一下，然後繞著鍋子倒入蛋液，浮起蛋花後就關火。
3. 烏龍麵按照包裝指示使用微波爐加熱後盛盤，淋上步驟2的食材，再放上芽菜。

雙倍豆皮烏龍麵

放上兩大片的炸豆皮，讓喜愛豆皮烏龍麵的人難忍誘惑。雖然這裡的食譜是用關西風味的湯頭，但也可依個人喜好試試關東風味或是讚岐風味的湯頭。

材料（1人份）

冷凍烏龍麵⋯1球
炸豆皮⋯2片
A ｜ 高湯⋯3/4杯
｜ 醬油⋯2小匙
｜ 砂糖⋯1大匙
關西風味湯頭（請參照下方介紹）⋯1.5杯
韭蔥（切成蔥花）⋯適量
七味辣椒粉⋯少許

作法

1. 炸豆皮用大量的熱水煮1～2分鐘來去油，然後放進濾網裡瀝乾水分。把 **A** 的素材倒進鍋裡混合，開中火，煮開後把炸豆皮展開放入，蓋上落蓋後以稍小的中火煮6～7分鐘。
2. 把關西風味的湯頭加熱。
3. 烏龍麵按照包裝指示微波加熱後盛盤，淋上步驟 **2** 的湯頭，再放上步驟 **1** 的食材與蔥花，最後灑上七味辣椒粉。

關西風味湯頭的作法

可以感受到昆布的鮮味，再加上淡色醬油的清爽色調，這就是充滿魅力的關西風味湯頭。搭配烏龍麵就不用說了，配上蕎麥麵或素麵也可以享用到美味。

材料（方便製作的分量）

高湯 ｜ 水⋯5杯
｜ 昆布⋯5cm×2片（10g）
｜ 柴魚片⋯20g
淡色醬油⋯1/2大匙
味醂⋯1/2大匙
鹽⋯1小匙

作法

〔萃取高湯〕

1. 昆布用擰乾的擦拭巾快速擦過。
2. 把水和步驟 **1** 的昆布放進鍋裡，浸泡30分鐘後開稍小的中火煮，咕嚕咕嚕冒泡時把昆布撈起來。（a）
3. 水滾後加進柴魚片，用小火煮大約5分鐘。
4. 關火後，等柴魚片沈澱，就在鋪上廚房紙巾的濾網上過濾高湯。（b）

〔收尾〕

在步驟 **4** 的高湯加入淡色醬油、味醂和鹽調味，然後很快煮滾一遍。（c）

a

b

c

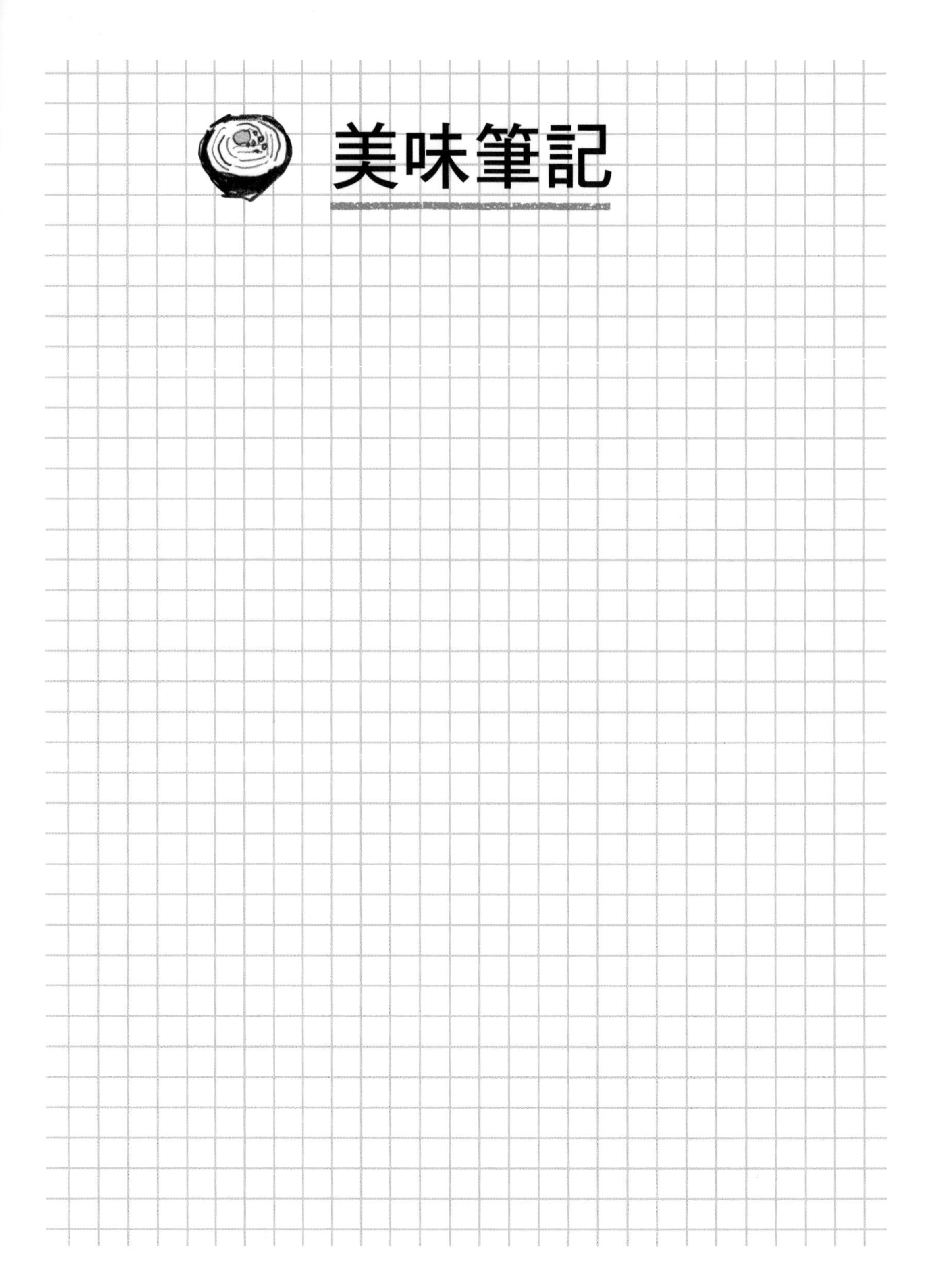
美味筆記

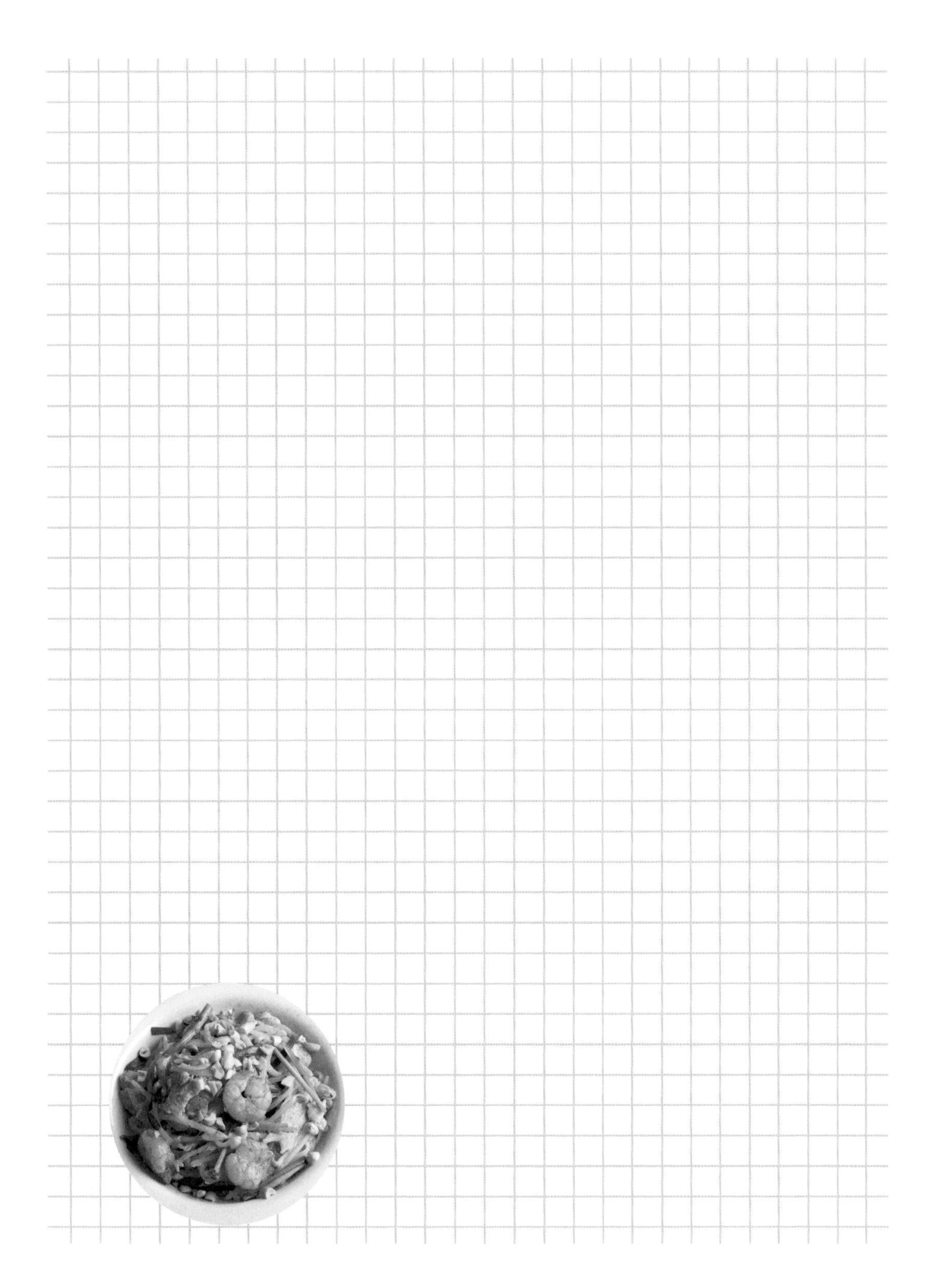

COLUMN 02

關東風味湯頭

只有關東風味湯頭才有滿滿的柴魚香味和醬油的色調，是存在感十足的風味。

材料（方便製作的分量）

高湯｜水…5杯
　　｜柴魚片…45g
醬油、味醂…各3.5大匙
鹽…少許

作法

1 倒水入鍋內煮滚，放入柴魚片（a），以小火煮大約5分鐘。
2 關火後，等柴魚片沈澱，在鋪上廚房紙巾的濾網上過濾高湯。
3 在步驟**2**的高湯裡加入醬油、味醂和鹽調味，然後很快煮滚一遍。（b）

a

b

讚岐風味湯頭

使用小魚乾是讚岐風味湯頭的特色， 還加了砂糖，所以能夠品嘗到優雅而深邃的香味與鮮味。

材料（方便製作的分量）

高湯｜水…5杯
　　｜昆布…5cm見方（5g）
　　｜小魚乾…20g
　　｜柴魚片…15g
淡色醬油…1.5大匙
味醂、砂糖…各1小匙
鹽…1/2小匙

作法

1 昆布用擰乾的擦拭巾快速擦過；小魚乾去掉頭和內臟。（a）
2 倒水入鍋內，把步驟**1**的材料放入，浸泡30分鐘後開稍小的中火煮，咕嚕咕嚕冒泡時就把昆布撈起來。
3 煮滚後加入柴魚片，以小火煮大約5分鐘。
4 關火後，等柴魚片沈澱，在鋪上廚房紙巾的濾網上過濾高湯。
5 在步驟**4**的高湯裡加入淡色醬油、味醂、砂糖和鹽調味，然後很快煮滚一遍。（b）

a

b

PART 3

中華麵

想大吃特吃時，挑中華麵就對了。
只要搭配蔬菜和肉類，
就是分量滿點的一道麵食，
還可以享受到湯麵、乾麵、炒麵等多樣化的種類。

章魚和韭菜的辛辣拌麵

在炎熱的夏天，會想搭配啤酒一起吃的辛辣麵食。在生韭菜與章魚口感的搭配下，是好吃到筷子停不下來的美味。

材料（1人份）

中華生麵…1球
水煮章魚…100g
韭菜…1/4束（25g）
A 醬油…1/2大匙
味醂…1/2小匙
麻油…1/2大匙
韓國辣醬…1小匙
炒白芝麻…適量

作法

1 章魚切成薄片；韭菜切成碎花。
2 中華生麵用熱水煮熟，再用冷水洗，然後瀝乾水分。
3 把A的調味料放進調理碗混合，再把步驟1的食材和步驟2的麵條加進去拌勻，盛盤後灑上白芝麻。

蒸茄鮪魚的小黃瓜泥拌麵

小黃瓜泥拌麵，一片綠意看起來很涼爽。只要在常見的食材上下一點小功夫，品嘗時就會有新鮮的感覺。

材料（1人份）

中華生麵…1球
茄子…1條
鮪魚罐頭…半罐
小黃瓜…1條
A 醬油…2小匙
醋…1小匙
麻油…1/2大匙

作法

1 茄子用削皮刀去皮後，用保鮮膜包好，放進微波爐加熱1分30秒，然後以冷水冰鎮，放涼後瀝乾水分，用手把茄子撕成容易入口的大小，放進調理碗裡。鮪魚瀝乾湯汁，加進調理碗裡稍微拌勻。小黃瓜磨成泥。
2 中華生麵用熱水煮熟，再用冷水洗過，瀝乾水分後放進另一個調理碗裡。
3 把步驟1的小黃瓜泥加進步驟2的麵裡拌勻後裝盤，再放上步驟1的茄子和鮪魚，最後淋上攪拌後的A。

章魚和韭菜的辛辣拌麵

蒸茄鮪魚的小黃瓜泥拌麵

黑芝麻擔擔麵

因為用了常備肉醬，擔擔麵一下子就做好了。
黑芝麻的風味跟兩種蔥很相搭，完成後就像是店家的料理。

材料（1人份）

中華生麵…1球
常備肉醬（參考P34）…1/3的分量
A
- 醬油…1/2大匙
- 雞湯粉…1/2小匙
- 豆瓣醬…1小匙
- 市售黑芝麻醬…1大匙
- 炒黑芝麻…1/2大匙
- 水…1.5杯

豆漿（無添加）…1/2杯
韭蔥（切成絲）、四季蔥（切成蔥花）、辣油…各適量

作法

1. 把市售黑芝麻醬和炒黑芝麻放進鍋裡，慢慢加水攪拌溶解，再把A剩下的素材加進常備肉醬裡攪拌，接著開中火加熱，煮滾後加進豆漿，在不煮滾的情況下加熱。
2. 中華生麵用熱水煮熟，再用冷水洗過，瀝乾後盛盤。
3. 把步驟1的材料倒在步驟2的麵條上，再把混合後的韭蔥和四季蔥放上，最後滴上辣油。

櫻花蝦和韭蔥的醬油拉麵

櫻花蝦直接吃，香氣十足，在湯裡泡軟，讓清爽的醬油湯頭增添了蝦子的風味，這又是另一種美味。

材料（1人份）

中華生麵…1球
櫻花蝦…2大匙
韭蔥…半根
A 醬油…1大匙
　雞湯粉…1/2大匙
　鹽…1/4小匙
　胡椒…少許
　水…2杯

作法

1. 韭蔥斜切成薄片，泡一下水後瀝乾水分，和櫻花蝦一起放進調理碗裡，整體攪拌均勻。
2. 把A的素材放進鍋裡混合，再開中火加熱，煮滾一次。
3. 中華生麵用熱水煮熟，再用冷水洗過，瀝乾水分盛盤，然後淋上步驟2的湯汁，並放上步驟1的韭蔥和櫻花蝦。

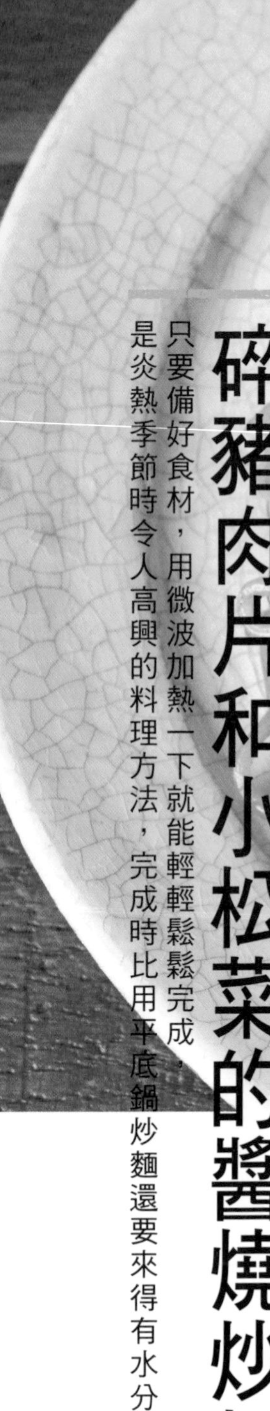

碎豬肉片和小松菜的醬燒炒麵

只要備好食材，用微波加熱一下就能輕輕鬆鬆完成，是炎熱季節時令人高興的料理方法，完成時比用平底鍋炒麵還要來得有水分。

材料（1人份）

中華蒸麵…1球
碎豬肉片…60g
小松菜…1/3束（約80g）

A
- 酒…1小匙
- 中濃醬…3大匙
- 鹽、胡椒…各少許

作法

1. 小松菜切成5cm長段。
2. 在直徑大約20cm的耐熱調理碗內，重疊放上中華蒸麵、步驟1的小松菜以及碎豬肉片，然後把A的調味料混合後淋上。輕輕包上保鮮膜後，微波加熱大約5分30秒。

卡哩卡哩麵的勾芡炒麵

好吃的訣竅就在於把麵條慢慢煎過，只要煎到有點燒焦的程度，就能享受到淋上勾芡湯料後，濃稠又清脆的口感。

材料（1人份）

中華蒸麵…1球
碎豬肉片…60g
鹽、胡椒…各少許
白菜…一小片（100g）
麻油…1大匙
A | 雞湯粉…1小匙
　| 蠔油醬…1大匙
　| 醬油、胡椒…各少許
　| 水…1.25杯
太白粉水…3大匙
（太白粉1大匙＋水2大匙）
紅薑…適量

作法

1. 中華蒸麵微波加熱大約1分鐘。碎豬肉片灑上鹽和胡椒；把白菜的菜心切細，葉子切成稍大的一口大小。
2. 在平底鍋倒進1/2大匙的麻油後開中火加熱，把步驟1的麵條放進去撥鬆，形狀弄成圓形，一邊用木杓輕壓，一邊煎3～4分鐘，煎得焦到好處時，翻面再煎3～4分鐘，然後盛盤。
3. 在步驟2的平底鍋倒入1/2大匙的麻油，開中火加熱，把步驟1的碎豬肉片炒過，等肉色變了，就依序放入步驟1的白菜心、白菜葉快炒。然後把混合後的A倒入，煮滾後再加進太白粉水勾芡，最後把勾芡湯料淋上步驟2的麵條，並附上紅薑。

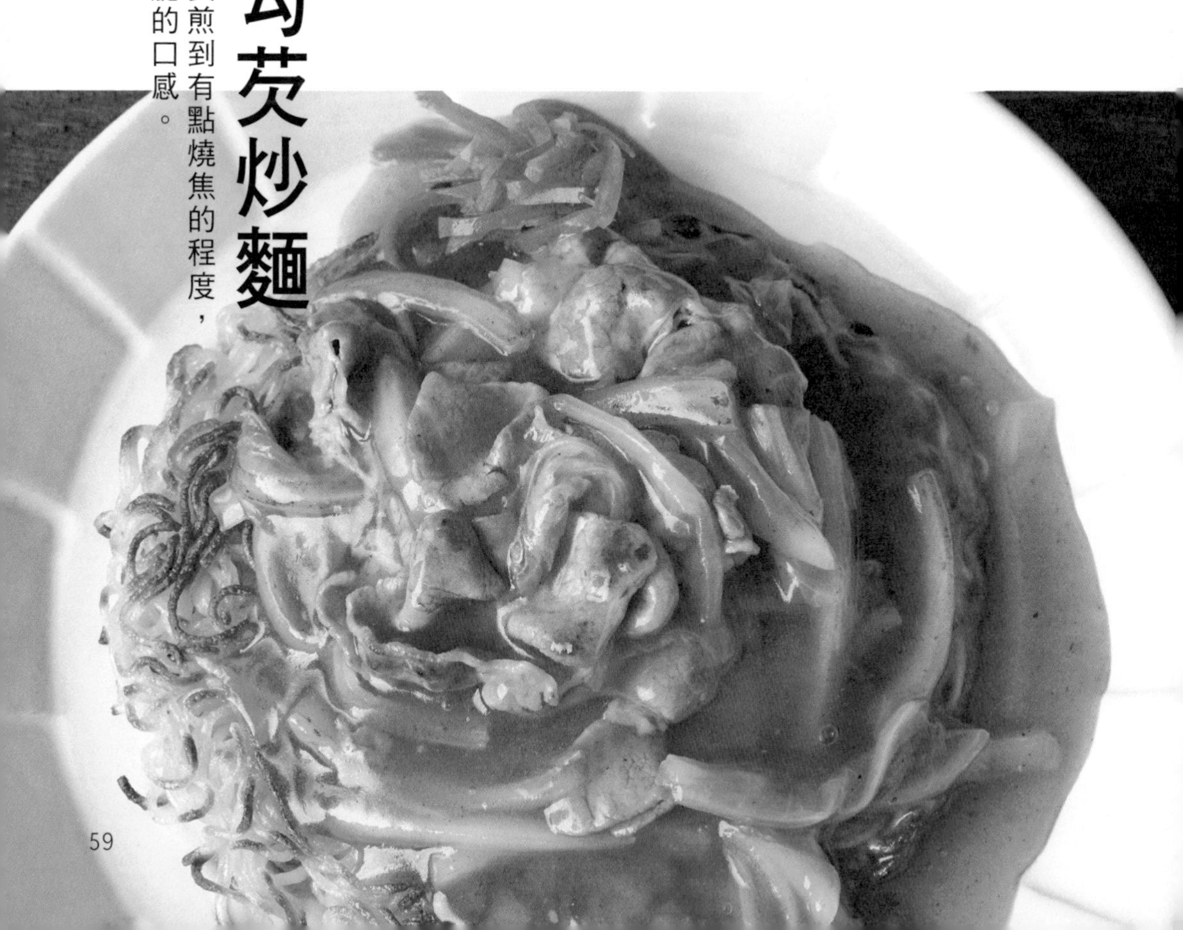

麻婆拉麵

想吃麻婆豆腐也想吃拉麵，麻婆拉麵就是實現這種貪念的麵品，加入滿滿的料讓你的肚子超滿足。

材料（1人份）

中華生麵…1球
豬絞肉…80g
木棉豆腐…1/2塊（150g）
韭蔥（切成粗丁）…1/3根的分量
蒜頭（切碎）…1/3瓣的分量
豆瓣醬…1/2小匙
麻油…1小匙
A 雞湯粉…1/2大匙
　蠔油醬…1大匙
　味噌…1/2大匙
　胡椒…少許
　水…2杯
太白粉水…3大匙
（太白粉1大匙＋水2大匙）
四季蔥（切成蔥花）…適量
辣油…少許

作法

1. 豆腐切成1.5cm見方。
2. 平底鍋放入麻油、豆瓣醬和蒜頭開中火，爆香後加進豬絞肉，一邊把肉撥散，一邊拌炒，肉色改變後加入韭蔥和混合後的A煮滾，然後加入步驟1的豆腐丁，快速加熱後，加入太白粉水勾芡。
3. 中華生麵用熱水煮熟，再加入步驟2的湯料快速攪拌，然後盛盤，灑上四季蔥，淋上一圈辣油。

材料（1人份）

中華生麵…1球
柴漬…3大匙
昆布佃煮…2大匙
麵味露（3倍濃縮）…1大匙
水菜（切段）…適量

作法

1 把柴漬切成粗丁。
2 中華生麵用熱水煮熟，再用冷水洗過，瀝乾水分後放入調理碗裡。
3 把步驟 1 的柴漬跟昆布佃煮和麵味露加進步驟 2 的麵條裡攪拌，盛盤後再放上水菜。

柴漬昆布的日式拌麵

漬物和佃煮跟麵條澈底攪拌，是吃起來口感很有意思的乾拌麵。完全沒用到油，只是放上大量的水菜，就完成了一道健康的麵食。

酸辣湯沾麵

酸辣湯的特徵是酸味和辣油的辛辣味，稍加變化之後就變成了沾麵。把冷麵裹上熱騰騰的勾芡湯料之後就可以開動享用。

材料（1人份）

中華生麵…1球
韭蔥…1/4根
香菇…1朵
蛋…1顆
A
- 醬油…1大匙
- 醋…1/2大匙
- 雞湯粉…1/2小匙
- 砂糖、鹽、胡椒…各少許
- 水…1杯

太白粉水…3大匙
（太白粉1大匙＋水2大匙）
粗磨黑胡椒、辣油…各少許

作法

1. 韭蔥切成細絲；香菇切成薄片；蛋打成蛋液備用。
2. 把A的素材放進鍋裡混合，開中火，煮滾後加進步驟1的韭蔥和香菇快速煮過，然後加入太白粉水，完成勾芡後倒入步驟1的蛋液，浮起蛋花後馬上關火盛盤，灑上黑胡椒並淋上辣油。
3. 中華生麵用熱水煮熟，再用冷水洗過，瀝乾後盛盤，就可以一邊沾著步驟2的酸辣湯來享用。

蒸雞肉的芝麻醬中華冷麵

加了生薑的芝麻醬清爽好入口，配上分量十足的雞肉，當成晚飯或宴客料理，應該都是讓人開心的一道麵食。

材料（1人份）

中華生麵…1球
雞腿肉…小尺寸1片（200g）
小黃瓜…半條
白蔥絲（參考P28）…1/4根的分量
鹽、胡椒…各少許
酒…1大匙

A
- 醬油…2小匙
- 醋…1大匙
- 生薑（切碎）…1/3個大拇指指節的分量
- 市售白芝麻醬…1.5大匙
- 辣油、砂糖、鹽…各少許

作法

1. 雞肉用叉子在雞皮上戳洞，並放在耐熱盤上，灑上鹽、胡椒和酒，輕輕包上保鮮膜後，微波加熱大約4分鐘，然後讓雞肉在蒸汁裡自然冷卻，再切成容易入口的大小，同時把蒸汁留下備用。
2. 小黃瓜切成細絲。
3. 中華生麵用熱水煮熟，再用冷水洗過，瀝乾水分後盛盤，然後放上步驟1的雞肉、步驟2的小黃瓜以及白蔥絲，最後把A的素材和步驟1留下的蒸汁混合淋上。

燒肉沙拉麵

讓啤酒停不下來的燒肉和清爽的檸檬風味湯頭，組合成了一道美味好吃的麵食，連蔬菜一起吃下肚，營養也很均衡！

材料（1人份）

中華生麵…1球
碎豬肉片…80g
紅萵苣…1片
紫洋蔥（沒有則一般洋蔥）…1/8顆
沙拉油…1小匙
燒肉醬…1大匙
A
- 麵味露（3倍濃縮）…1.5大匙
- 檸檬汁…1大匙
- 水…1/4杯

炒白芝麻、美乃滋…各適量

作法

1. 紅萵苣撕成一口大小；紫洋蔥切成薄片後泡一下水，再瀝乾水分。
2. 沙拉油倒進平底鍋後，開中火加熱，炒豬肉片，等肉色改變，加進燒肉醬拌炒。
3. 中華生麵用熱水煮熟再用冷水洗過，瀝乾後盛盤。把步驟1的食材放入調理碗，整體攪拌均勻後，再倒在麵上，放上步驟2的肉片，最後淋上混合好的A，灑上白芝麻，並加上一些美乃滋。

台式炒麵

蠔油醬的醇厚與五香粉的香味，給人很台灣的感覺！沾著荷包蛋的半熟蛋黃一塊吃也很美味。

材料（1人份）

中華蒸麵…1球
豬絞肉…80g
香菇…2朵
菠菜…1/5束（40g）
蒜頭（切碎）…1瓣的分量
沙拉油…1/2大匙
A
醬油…1/2大匙
酒…1/2大匙
蠔油醬…1/2大匙
辣椒（切成圈狀）…1/2根的分量
黑糖（若無則砂糖）…2小匙
五香粉（如果有的話）…少許
荷包蛋…1顆

作法

1. 香菇切成薄片；菠菜切成5cm長段。
2. 把中華蒸麵放在耐熱盤上，輕輕包上保鮮膜，微波加熱1分鐘後，把麵條撥散。
3. 把A的調味料放入耐熱容器內拌勻，輕輕包上保鮮膜，微波加熱大約10～20秒，然後好好攪拌讓黑糖融化。
4. 沙拉油倒入平底鍋，把蒜頭放進去用中火加熱，爆香後開始炒豬絞肉，等肉色改變，就加入步驟1的食材快炒，然後再加入步驟2的麵條和A繼續拌炒，盛盤後放上荷包蛋。

蝦仁和高麗菜炒麵

蝦仁的Q彈與高麗菜的口感讓人吃了就停不下來，是配色漂亮的鹽味炒麵，入口後緊接而來的是蒜頭風味的美味。

材料（1人份）

中華蒸麵…1球
蝦仁…5顆（50g）
高麗菜…1片（50g）
蒜頭（切碎）…1/4瓣的分量
A
酒…1小匙
麻油…1小匙
鹽…1/3小匙
胡椒…少許
粗磨黑胡椒、檸檬（切成半圓片）…各適量

作法

1. 蝦仁如果有腸泥的話要去除；高麗菜切成一口大小。
2. 在直徑20cm的耐熱調理碗裡，重疊放入中華蒸麵、蒜頭、步驟1的高麗菜和蝦仁，然後淋上混合後的A，輕輕包上保鮮膜後，微波加熱大約4分30秒。
3. 掀開保鮮膜，攪拌均勻，盛盤後灑上黑胡椒，附上檸檬。

台式炒麵

蝦仁和高麗菜炒麵

納豆韓式豆腐鍋拉麵

簡單享受充滿韓國人氣豆腐鍋料理的風味，加了豆腐和納豆，是營養豐富的一道麵食，就算把半熟的蛋依個人喜好拌著吃也很OK。

材料（1人份）

中華生麵…1球
木棉豆腐…半塊（150g）
白菜泡菜…60g
納豆…1盒
蛋…1顆

A
- 醬油…1.5大匙
- 雞湯粉…1/2小匙
- 蒜頭（磨成泥）…1/3瓣的分量
- 韓國辣醬、砂糖、白芝麻粉…各1/2大匙
- 水…2杯

四季蔥（斜切）…適量

作法

1. 豆腐用手撕成稍大的一口大小；白菜泡菜切成容易入口的大小。
2. 把A放進鍋內混合，開中火，煮滾後，放入納豆和步驟1的食材快煮一下，再打蛋進去，把蛋煮到半熟。
3. 中華生麵用熱水煮熟，瀝乾水分之後盛盤，再淋上步驟2的湯料，並放上四季蔥。

鹽醃牛肉與馬鈴薯的醬燒炒麵

把馬鈴薯的表面煎到酥脆是料理的重點，鹽醃牛肉的鹹味與醬汁的均衡搭配是絕妙的好滋味所在。

材料（1人份）

中華蒸麵…1球
馬鈴薯…1顆（120g）
鹽醃牛肉罐頭…半罐（50g）
沙拉油…1/2大匙
中濃醬…2大匙
粗磨黑胡椒…少許
市售黃芥末醬…適量

作法

1. 帶皮馬鈴薯切成1cm厚的瓣狀；鹽醃牛肉撥散開來。中華蒸麵放上耐熱盤，輕輕包上保鮮膜，微波加熱大約1分鐘，然後把麵條撥散。
2. 沙拉油倒進平底鍋以中火加熱，再放進步驟1的馬鈴薯，煎大約3～4分鐘，變得焦脆後就翻面，然後放上步驟1的鹽醃牛肉，蓋上鍋蓋以小火燜煎3～4分鐘。
3. 把步驟1的中華蒸麵和中濃醬加進步驟2的平底鍋裡拌炒，盛盤後灑上黑胡椒，附上市售的黃芥末醬。

什錦拉麵

料多的什錦麵是大人小孩都喜歡的料理，豆漿加進湯頭裡，讓豆漿的溫潤統一了整體的味道。

材料（1人份）

中華生麵…1球
高麗菜…小尺寸1片（30g）
豆芽菜…半袋（100g）
甜不辣…1片
魚板（粉紅色的）…2cm的分量（30g）
蒜頭（切碎）…1/3瓣的分量
沙拉油…1小匙
A
- 醬油…1小匙
- 雞湯粉…1/2小匙
- 鹽…1/3小匙
- 胡椒…少許
- 水…1杯

豆漿（無添加）…1杯
紅薑…適量

作法

1. 高麗菜切成一口大小；甜不辣切成細條；魚板切成薄片。
2. 把A的素材放進鍋混合，開中火，煮滾後加入豆漿，在不煮滾的情況下加熱。
3. 沙拉油倒進平底鍋裡，加進蒜頭，開中火加熱，爆香後放入步驟1的高麗菜拌炒，高麗菜變軟後，再加入豆芽菜跟步驟1的甜不辣和魚板快炒。
4. 中華生麵用熱水煮熟，瀝乾水分後盛盤，再淋上步驟2的湯汁，並放入步驟3的食材，最後附上紅薑。

酪梨咖哩炒麵

酪梨緩和了咖哩絞肉的辣度，
也可推薦給不擅長吃辣的人，享受西式的中華麵食。

材料（1人份）

中華蒸麵…1球
牛豬混合絞肉…100g
洋蔥（切碎）…1/4顆
蒜頭（切碎）…1/4瓣的分量
酪梨…小尺寸的半顆
沙拉油…2小匙
咖哩粉…2小匙

A
- 西式高湯粉…1/2小匙
- 蕃茄醬…1/2大匙
- 伍斯特醬…1小匙
- 鹽、胡椒…各少許
- 水…3大匙

作法

1. 酪梨切成1.5cm見方；中華蒸麵放在耐熱盤上，輕輕包上保鮮膜，微波加熱大約1分鐘後，撥散麵條。
2. 在平底鍋倒入1小匙沙拉油後開中火加熱，快炒步驟1的麵條後盛盤。
3. 在平底鍋倒入1小匙沙拉油，再放進蒜頭以中火加熱，然後炒洋蔥，洋蔥變軟後加入牛豬混合絞肉，一邊撥開一邊拌炒，等肉色改變後加入咖哩粉繼續拌炒，炒到沒有粉狀再加入A的素材，煮2～3分鐘。
4. 把步驟1的酪梨加進步驟3的平底鍋裡攪拌，然後蓋在步驟2的麵條上。

新鮮沙拉的鹽味炒麵

沙拉的鹽味炒麵也能夠吃到大量蔬菜，培根、美乃滋和起司粉的組合也跟中華麵很搭。

材料（1人份）

中華蒸麵…1球
培根…2片
玉米粒罐頭…3大匙
綜合生菜…半袋
沙拉油…1/2大匙
鹽…2小撮
胡椒…少許
美乃滋、起士粉…各適量

作法

1. 培根切細；玉米瀝掉水分；中華蒸麵放在耐熱盤上，輕輕包上保鮮膜，微波加熱大約1分鐘後，撥散麵條。
2. 沙拉油倒進平底鍋裡，開中火加熱，把步驟1的培根放進去煎，煎到焦脆後起鍋。再把步驟1的麵條用同一個平底鍋快炒，灑上鹽、胡椒後盛盤。
3. 把步驟1的玉米和步驟2的培根連同綜合生菜一起放進調理碗內，整體攪拌均勻之後放在麵上，然後擠上美乃滋，並灑上起士粉。

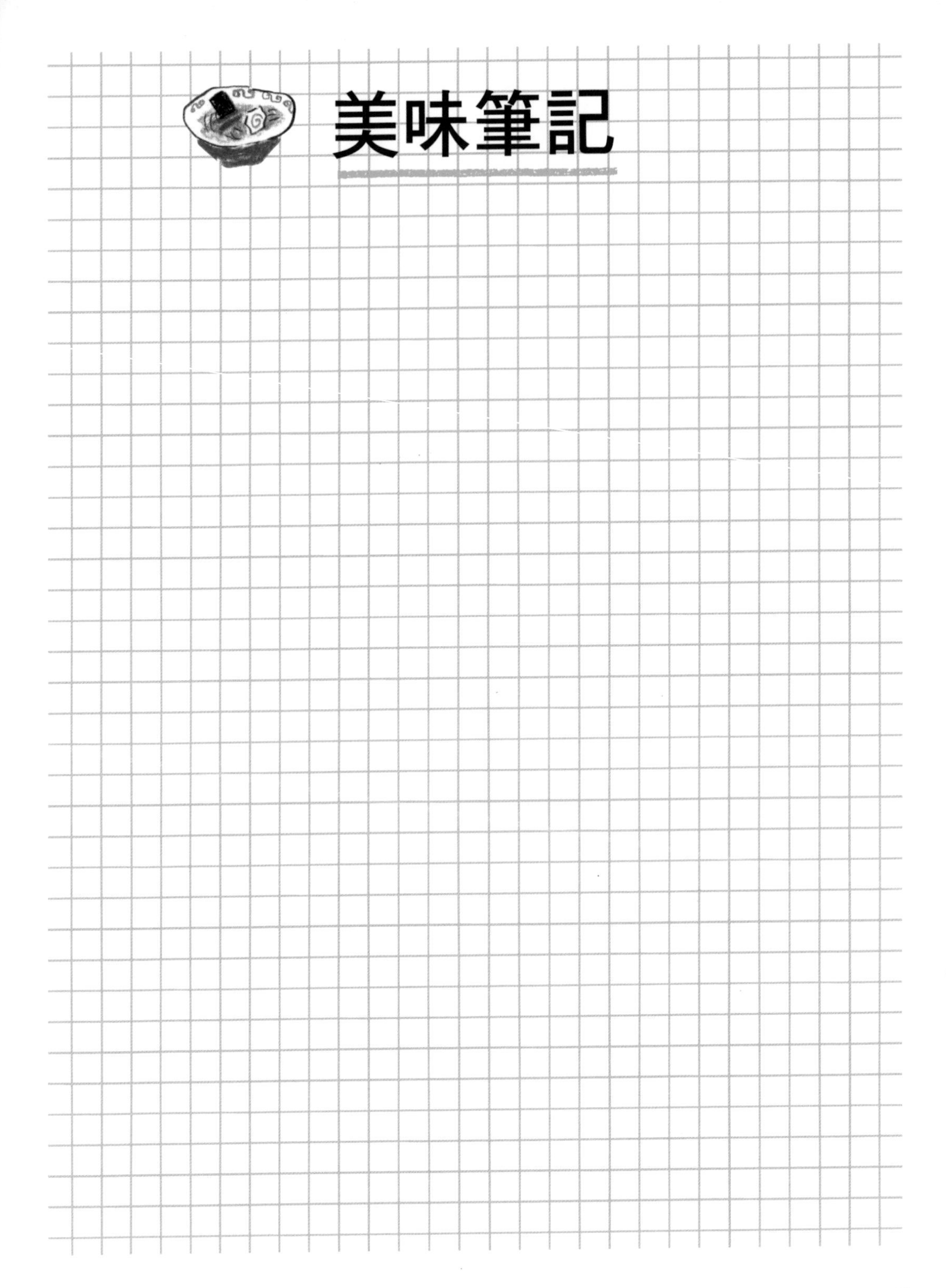
美味筆記

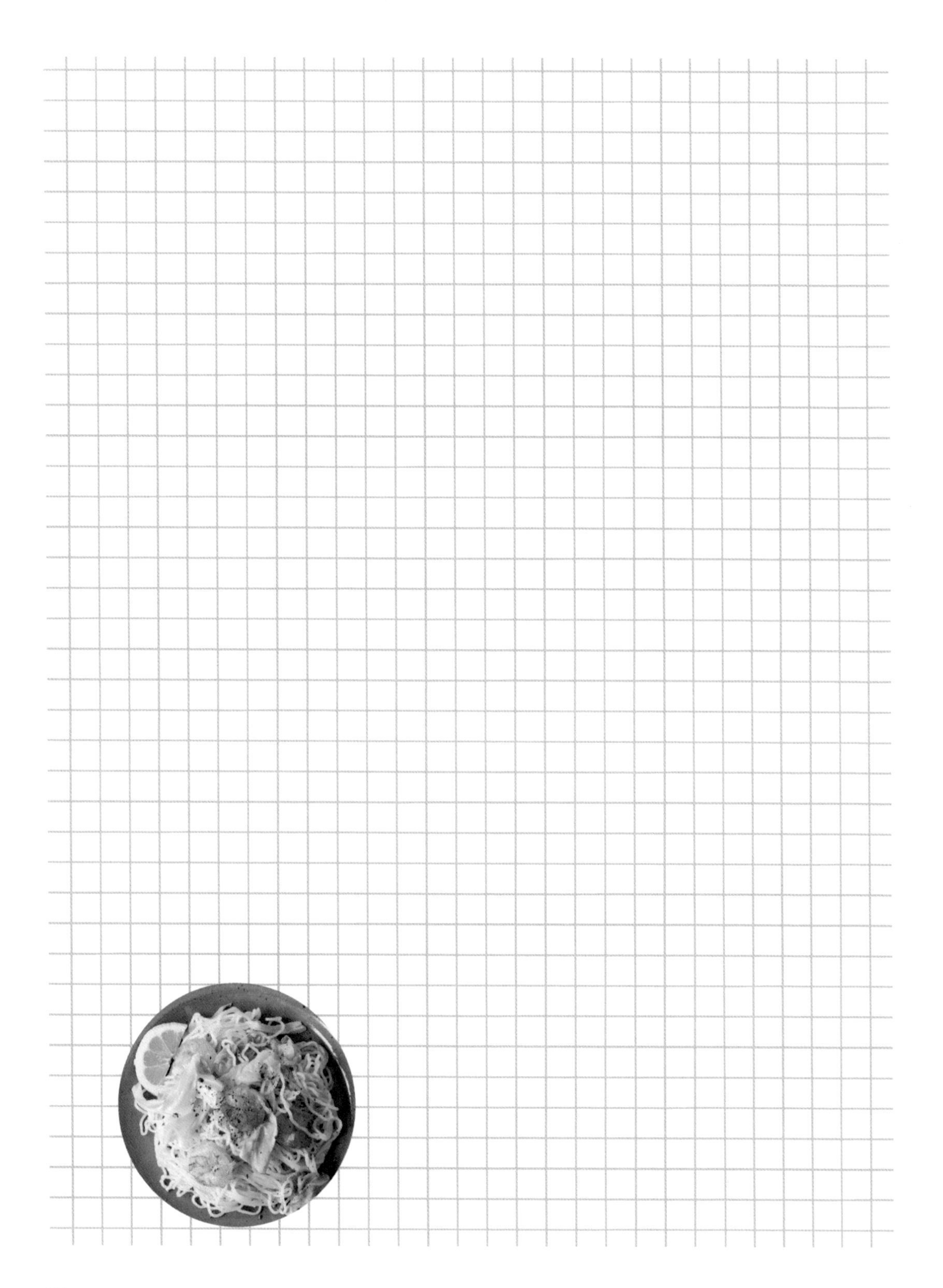

COLUMN
03

中華麵的良伴　滷蛋

入味的蛋白和濃稠的蛋黃，真是絕品！
煮蛋和醃漬的時間可以依個人喜好。用熱水煮蛋會比較容易剝殼唷。

材料（2顆的分量）

蛋…2顆

A
- 醬油…2大匙
- 味醂…1/2大匙
- 砂糖…2小匙

作法

1. 蛋在常溫下放置20分鐘左右。
2. 在直徑大約20cm的鍋子裡，煮滾可以淹沒蛋左右的熱水量，把步驟**1**的蛋用湯杓輕放入鍋中。
3. 用中火煮蛋，依個人喜好調整煮蛋時間（時間請參考下方圖示說明）。煮好後先放在冷水中冷卻，再剝殼。
4. 在密封袋裡放入**A**的調味料混合，再把步驟**3**的蛋放進去擠出空氣，放到冰箱醃漬1～2個小時。

煮蛋的時間

6分～6分半
濃稠的半熟

9分
半熟

12分
一般

PART 4

義大利麵

培根蛋麵、拿波里義大利麵、肉醬麵……。
除了常見的人氣義大利麵外，加上冷麵或湯麵的作法，
就擁有無限的變化可能，而且麵條的種類也很豐富，
所以請找到符合自己喜好的麵。

新鮮番茄的拿波里義大利麵

勾起食慾的香味讓人忍不住，義大利麵的王道，
使用新鮮番茄讓麵條不會太過黏膩，又能讓麵條均勻沾滿醬汁。

材料（1人份）

義大利細麵…80g
洋蔥（切成薄片）…1/4顆的分量
番茄…半顆（60g）
青椒（切成圈狀）…1顆
臘腸（切成圓片）…2條
洋菇罐頭…2大匙
沙拉油…1/2大匙
A｜蕃茄醬…2～3大匙
　｜鹽、胡椒…各少許
起士粉…適量

作法

1 番茄切成1cm見方；洋菇瀝掉汁水。
2 用加入（額外）適量鹽巴的熱水煮義大利麵，煮麵的時間要比包裝上指示的時間少大約1分鐘。
3 沙拉油倒入平底鍋，以中火加熱炒洋蔥，洋蔥變軟後加入臘腸和步驟1的洋菇拌炒，臘腸有點焦後，加入青椒和步驟1的番茄快炒。
4 加上步驟2的麵條和A一塊拌炒均勻，盛盤後灑上起士粉。

竹輪與金針菇的白醬義大利麵

使用大量竹輪和金針菇等日式食材的義大利麵，藉由奶油白醬調和了義大利麵與配料。

材料（1人份）

義大利細麵…80g
竹輪（切成圓片）…2根
醬油醃漬金針菇…2大匙
奶油…10g
醬油…1/2大匙
青紫蘇（用手撕開）、海苔絲…各適量

作法

1. 按照包裝上指示的時間，用加入（額外）適量鹽巴的熱水煮義大利麵，期間取2大匙煮麵水備用。
2. 在調理碗裡放入步驟**1**的麵條跟竹輪、醬油醃漬金針菇、奶油和醬油，然後攪拌均勻。
3. 盛盤後灑上青紫蘇並放上海苔絲。

生火腿和馬鈴薯的胡椒起士義大利麵

鹽味義大利麵跟鬆鬆軟軟的馬鈴薯與生火腿一起上桌，完成時只要好好灑上起士粉與黑胡椒，就能搞定好味道

材料（1人份）

義大利細麵…80g
馬鈴薯…小尺寸1顆（100g）
生火腿…3片

A
- 橄欖油…1/2大匙
- 鹽…1小撮
- 胡椒…少許

起士粉、粗磨黑胡椒…各適量

作法

1. 按照包裝上指示的時間，用加入（額外）適量鹽巴的熱水煮義大利麵，期間取2大匙煮麵水備用。
2. 馬鈴薯用保鮮膜包起來，微波加熱1分30秒，上下翻面後，再加熱1分30秒。剝皮後放入調理碗裡，用叉子分成大塊。生火腿對半切，跟馬鈴薯一起稍微攪拌。
3. 在另一個調理碗加入步驟1的麵條和A的調味料拌勻，盛盤後放上步驟2的馬鈴薯和生火腿，再灑上起士粉和黑胡椒。

酪梨莎莎醬的冷製義大利麵

番茄的紅與酪梨的綠造就了帶有清涼感的涼爽義大利麵。
把煮義大利麵的時間拉長，再用冷水緊實，就會變得Q彈有勁。

材料（1人份）

義大利細麵…80g
酪梨…半顆
番茄…小尺寸1顆（80g）
青椒…1顆
洋蔥（切碎）…1/8顆

A
- 檸檬汁…1小匙
- 橄欖油…1大匙
- 鹽…2小撮
- 胡椒…少許

作法

1. 用加入（額外）適量鹽巴的熱水煮義大利麵，煮麵的時間要比包裝上指示的時間拉長大約2分鐘。
2. 酪梨、番茄、青椒切成1cm見方，然後在調理碗裡放入A和洋蔥混合，再加入蔬菜類拌勻。
3. 把步驟1的義大利麵瀝乾，用冷水洗麵，再瀝乾水分，加進步驟2的調理碗中攪拌。

荷包蛋和菠菜的日式義大利麵

放在麵上的配料全依個人喜好，一開始就跟麵一塊拌著吃，或不攪拌直接配麵吃也OK，好好淋上麵味露跟麻油後就會很好吃。

材料（1人份）

義大利細麵…80g
菠菜…1/3束（約70g）
蛋…1顆
柴魚片…小袋1袋（3g）
沙拉油…少許

A
- 麵味露（3倍濃縮）…1大匙
- 麻油…1小匙
- 生薑（磨成薑泥）…1/3個大拇指指節的分量

麵味露（3倍濃縮）…少許

作法

1. 把鍋內的大量熱水煮滾，氽燙一下菠菜，然後用冷水冷卻，再擠掉水分，切成5cm長段（同一鍋熱水用來煮義大利麵）。
2. 在步驟1的熱水裡加入（額外）適量的鹽巴，再按照包裝上指示的時間來煮義大利麵。
3. 沙拉油倒進平底鍋裡，開中火加熱，把蛋打入煎成荷包蛋。
4. 把A的調味料放入調理碗混合，再加入步驟2的麵條攪拌均勻，盛盤後放上步驟1跟步驟3的食材，最後放上柴魚片並淋上麵味露。

煎豆皮與鴨兒芹的日式蛋黃培根麵

使用麵味露和豆漿來完成日式蛋黃培根麵，用煎得酥脆的炸豆皮來代替培根也很對味。

材料（1人份）

義大利細麵…80g
炸豆皮…1片
鴨兒芹…5～6根
沙拉油…1小匙
A | 蛋液…1顆蛋的分量
  | 豆漿（無添加）…1/4杯
  | 麵味露（3倍濃縮）…1小匙
  | 起士粉…1大匙
白芝麻粉…適量

作法

1. 炸豆皮切成1cm的寬度；鴨兒芹摘下葉子，把莖切成3cm長段。
2. 按照包裝上指示的時間，用加入（額外）適量鹽巴的熱水煮義大利麵。
3. 沙拉油倒進平底鍋，開稍大的中火加熱，把步驟1的炸豆皮放進去，煎到兩面都酥脆。
4. 把A的素材放進調理碗裡混合，再加進步驟2的麵條攪拌，盛盤後，放上步驟3的豆皮與步驟1的鴨兒芹，並灑上白芝麻。

濃醇味噌的方便肉醬麵

就算沒有經過熬煮，多明格拉斯醬還是跟味噌很合拍，是濃醇又有深度的味道，新鮮番茄的酸味也很清爽。

材料（1人份）

義大利細麵…80g
番茄…小顆1顆（80g）
牛豬混合絞肉…70g
洋蔥（切碎）…1/4顆
蒜頭（切碎）…1/4瓣
橄欖油…1小匙
A | 多明格拉斯醬罐頭…4大匙
  | 西式高湯粉…1/3小匙
  | 蕃茄醬…1大匙
  | 味噌…1小匙
  | 鹽、胡椒…各少許
香芹（切碎）…適量

作法

1. 把番茄切成1cm見方。
2. 按照包裝上指示的時間，用加入（額外）適量鹽巴的熱水煮義大利麵。
3. 橄欖油倒進平底鍋，放入蒜頭開中火加熱，爆香後加入洋蔥拌炒，洋蔥變軟再放入牛豬絞肉，一邊撥開一邊拌炒，等肉色改變，把步驟1的蕃茄和A的素材混合後加入，煮1～2分鐘。
4. 把步驟2的麵條盛盤，再淋上步驟3的肉醬，灑上香芹。

煎豆皮與鴨兒芹的
日式蛋黃培根麵

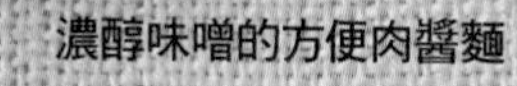

濃醇味噌的方便肉醬麵

材料（1人份）

義大利細麵…80g
鮪魚罐頭…半罐（40g）
水菜…1/2株（15g）
紫洋蔥（沒有則一般洋蔥）…1/8顆
生薑（磨成泥）
…1/2個大拇指指節的分量

A | 麵味露（3倍濃縮）…1大匙
橄欖油…1/2大匙

作法

1 按照包裝上指示的時間，用加入（額外）適量鹽巴的熱水煮義大利麵。
2 鮪魚瀝掉汁水；水菜切成長段；紫洋蔥切成薄片。
3 把A的調味料放入調理碗裡混合，再加入步驟1的麵條拌勻，盛盤後，把步驟2的食材跟薑泥放入調理碗裡，整體攪拌均勻，然後放到麵上。

鮪魚和水菜的薑汁義大利麵

可以享受到水菜清脆口感的一道義大利麵。紫洋蔥跟鮪魚很搭，加上薑泥吃起來更清爽。

白菜和培根的柚子胡椒白醬義大利麵

白醬義大利麵配上微辣的柚子胡椒，讓人抵擋不了！

把白菜的菜葉和菜心分開炒，吃起來口感會比較好。

材料（1人份）

義大利細麵…80g
白菜…小顆1片（100g）
培根…2片
橄欖油…1小匙
A | 鮮奶油…1/4杯
柚子胡椒…1小匙
鹽…少許
牛奶…1/4杯
柚子胡椒…適量

作法

1. 白菜分成菜葉跟菜心，菜葉切成稍大的一口大小，菜心切成細條。培根切成1cm寬。
2. 用加入（額外）適量鹽巴的熱水煮義大利麵，煮麵的時間要比包裝上指示的時間少大約1分鐘。
3. 橄欖油倒進平底鍋，開中火加熱，把步驟1的白菜心與培根一塊炒，等菜心變軟後，再加入白菜葉快炒一下，然後加入混合後的A，在煮滾的狀態下煮大約1分鐘。
4. 在步驟3的平底鍋裡加入牛奶和步驟2的麵條稍微攪拌，再依個人喜好灑上柚子胡椒。

叉燒與海帶芽的中式義大利麵

因為醋跟麻油的效力讓這道麵品清爽好入口。芽菜跟黃芥末的微辣可促進食慾，是大熱天裡的推薦料理。

材料（1人份）

義大利細麵…80g
叉燒…4片
乾燥的海帶芽…1/2大匙
芽菜…1/4包
A | 醬油…2小匙
醋…1小匙
麻油…1/2大匙
砂糖…1/2小匙
市售黃芥末醬…適量

作法

1. 用加入（額外）適量鹽巴的熱水煮義大利麵，煮麵的時間要比包裝上指示的時間拉長大約2分鐘。
2. 叉燒切成細條；海帶芽用大量的水泡發，再擠乾水分；芽菜切掉根部。
3. 把步驟1的熱湯倒掉，用冷水洗麵，瀝乾水分後放入調理碗內，再把混合後的A和步驟2的食材加進調理碗裡拌勻，盛盤後附上市售的黃芥末醬。

材料（1人份）

義大利細麵…80g
培根…2片
蒜頭（切碎）…1/2瓣的分量
蛋黃…2顆
橄欖油…1/2大匙

A
- 鮮奶油…1/2杯
- 起士粉…1.5大匙
- 鹽、胡椒…各少許
- 水…1/3杯

粗磨黑胡椒…少許

作法

1. 培根切成7～8mm寬。
2. 用加入（額外）適量鹽巴的熱水煮義大利麵，煮麵的時間要比包裝上指示的少大約1分鐘。
3. 橄欖油倒進平底鍋，把蒜頭放進去開中火加熱，爆香後加入步驟1的培根拌炒，等培根變軟，倒入混合後的A，以稍小的中火煮滾大約1分鐘，再加進步驟2的麵條攪拌，然後關火。
4. 把打散的蛋黃加到步驟3的平底鍋裡，快速攪拌均勻，盛盤後灑上黑胡椒。

保證成功的培根蛋麵

保證成功的重點在於，等關火後再加入蛋黃，就能運用餘溫來加熱，讓醬汁變得濃稠，於是絕品蛋黃培根義大利麵完成！

蝦仁與花椰菜的豆漿白醬義大利麵

切碎的綠花椰菜很容易入口，還沾滿了醬汁。
奶油起司跟豆漿也是絕配！

材料（1人份）

義大利細麵…80g
蝦仁…7～8顆（80g）
綠花椰菜…1/3株（80g）
橄欖油…1/2大匙
奶油起司…20g

A｜豆漿…1/2杯
　｜太白粉…2/3小匙
　｜鹽…1小撮
　｜胡椒…少許

作法

1. 蝦仁如果有腸泥的話要去除；綠花椰菜分成小朵後再切碎。
2. 用加入（額外）適量鹽巴的熱水煮義大利麵，煮麵的時間要比包裝上指示的時間少大約1分鐘，期間取出2大匙煮麵水備用。
3. 橄欖油倒進平底鍋開中火加熱，把步驟**1**的食材加進去炒大約3分鐘，等到綠花椰菜變軟後，再加入步驟**2**的煮麵水和奶油起司，一邊攪拌一邊讓起司融化掉。
4. 把混合後的**A**和步驟**2**的麵條加進步驟**3**的平底鍋裡，快速拌勻。

魩仔魚與西洋菜的香蒜辣椒義大利麵

在帶點辣味的義大利麵裡加進魩仔魚乾和西洋菜。能夠引出香味強烈的食材美味，也是香蒜辣椒義大利麵的魅力之一。

材料（1人份）

義大利細麵…80g
魩仔魚乾…3大匙
西洋菜…1/2束
辣椒（切成圈狀）…1根
蒜頭（切碎）…1/2瓣的分量
橄欖油…1/2大匙
鹽、胡椒…各少許

作法

1 把西洋菜莖部粗硬的部分切掉，其餘切成2cm長段。
2 用加入（額外）適量鹽巴的熱水煮義大利麵，煮麵的時間要比包裝上指示的時間少大約1分鐘，期間取2大匙煮麵水備用。
3 在平底鍋放入橄欖油、蒜頭和辣椒開中火加熱，爆香後加入魩仔魚乾拌炒。
4 把步驟1的西洋菜和步驟2的麵條，還有鹽、胡椒加入步驟3的平底鍋內快速拌勻。

肉醬和獅子唐青椒的微辣義大利麵

使用常備肉醬加以變化的義大利麵。只要用白菜泡菜和肉醬就能輕鬆做出有勁道的好味道，很快就能完成。

材料（1人份）

義大利細麵…80g
常備肉醬（參考P34）…1/3的分量
白菜泡菜…30g
獅子唐青椒仔（切成圈狀）…5根
A｜麻油…1小匙
　｜醬油、辣油…各少許

作法

1 用加入（額外）適量鹽巴的熱水煮義大利麵，煮麵的時間要比包裝上指示的時間少大約1分鐘，期間取2大匙煮麵水備用。
2 白菜泡菜切成容易入口的大小；肉醬放入耐熱容器，輕輕包上保鮮膜，微波加熱大約1分鐘。
3 把步驟1的麵條、步驟2的食材和A的調味料放入調理碗內快速拌勻，然後盛盤，放上獅子唐青椒仔。

牛肉與牛蒡的金平義大利麵

受歡迎的配菜和義大利麵放在一起，味道超搭，真是太不可思議了！麵條非常入味，也很適合帶便當。

材料（1人份）

義大利細麵…80g
牛肉片…70g
牛蒡…1/4根（50g）
麻油…1小匙
A　醬油、酒、味醂…各2小匙
　　紅辣椒（切成圈狀）…1/3根
　　白芝麻粉…1/2大匙

作法

1. 牛蒡切成絲後，快速泡一下水瀝乾。
2. 用加入（額外）適量鹽巴的熱水煮義大利麵，煮麵的時間要比包裝上指示的時間少大約1分鐘，期間取2大匙煮麵水備用。
3. 麻油倒進平底鍋並開中火加熱，放入步驟1的牛蒡絲，炒大約2分鐘，等牛蒡變軟後加入牛肉片炒，肉色改變了再加入A的調味料拌炒。
4. 把步驟2的麵條加進步驟3的平底鍋裡快速攪拌。

豬五花的蔥鹽義大利麵

把烤肉的好味道直接放在義大利麵上的簡單組合。烤到酥脆的豬肉，吃起來口感十足。

材料（1人份）

義大利細麵…80g
烤肉用豬五花…5片（100g）
韭蔥…1根
鹽、粗磨黑胡椒…各少許
麻油…1小匙
四季蔥…適量

作法

1. 把鹽和（額外）黑胡椒各灑少許在豬肉上；韭蔥斜切成片。
2. 用加入（額外）適量鹽巴的熱水煮義大利麵，煮麵的時間要比包裝上指示的時間少大約1分鐘，期間取2大匙煮麵水備用。
3. 麻油倒進平底鍋開中火加熱，煎步驟1的豬肉，等兩面煎到焦脆後，加上步驟1的韭蔥快炒。
4. 在步驟3的平底鍋裡加上步驟2的麵條跟鹽、粗磨黑胡椒一起攪拌，盛盤後再附上四季蔥。

牛肉與牛蒡的金平義大利麵

豬五花的蔥鹽義大利麵

生火腿與芹菜的清湯義大利麵

生火腿的粉紅加上芹菜的脆綠，是道色彩鮮豔的時尚義大利湯麵。
加點芥末籽醬也會有點綴的效果。

材料（1人份）

義大利細麵…80g
生火腿…2片
芹菜…半根
蒜頭（切碎）…1/4瓣的分量
橄欖油…1/2小匙

A | 西式高湯粉…1/2小匙
鹽…2小撮
胡椒…少許
水…1杯

芹菜葉（撕碎）、芥末籽醬
…各適量

作法

1. 生火腿對半切；芹菜斜切。
2. 用加入（額外）適量鹽巴的熱水煮義大利麵，煮麵的時間要比包裝上指示的時間少大約1分鐘。
3. 平底鍋內放入橄欖油和蒜頭開中火，爆香後加入步驟1的芹菜拌炒，等芹菜變軟再加入A的素材，煮滾後以稍小的中火煮大約3分鐘。
4. 把步驟2的麵條加入步驟3的平底鍋中，快速攪拌，盛盤後再放上生火腿、芹菜葉和芥末籽醬。

蛤蠣與小松菜的日式義大利湯麵

可享受到滿溢蛤蠣高湯香味的日式義大利麵，飄散著令人放鬆的滋味，讓人連湯都喝光光。

材料（1人份）

義大利細麵…80g
蛤蠣（吐完沙）…100g
小松菜…1/5束（50g）
生薑（切成細絲）
…1/3個大拇指指節的分量

A
高湯…1杯
醬油…1/2大匙
鹽…1小撮

作法

1 把蛤蠣殼碰殼地清洗；小松菜切成5cm長段。
2 用加入（額外）適量鹽巴的熱水煮義大利麵，煮麵的時間要比包裝上指示的時間少大約1分鐘。
3 把A的素材放進平底鍋開中火，煮滾後加入步驟1的蛤蠣跟小松菜和薑絲，以稍小的中火煮約3分鐘，直到蛤蠣殼打開。
4 把步驟2的麵條加進步驟3的平底鍋裡，快速攪拌。

美味筆記

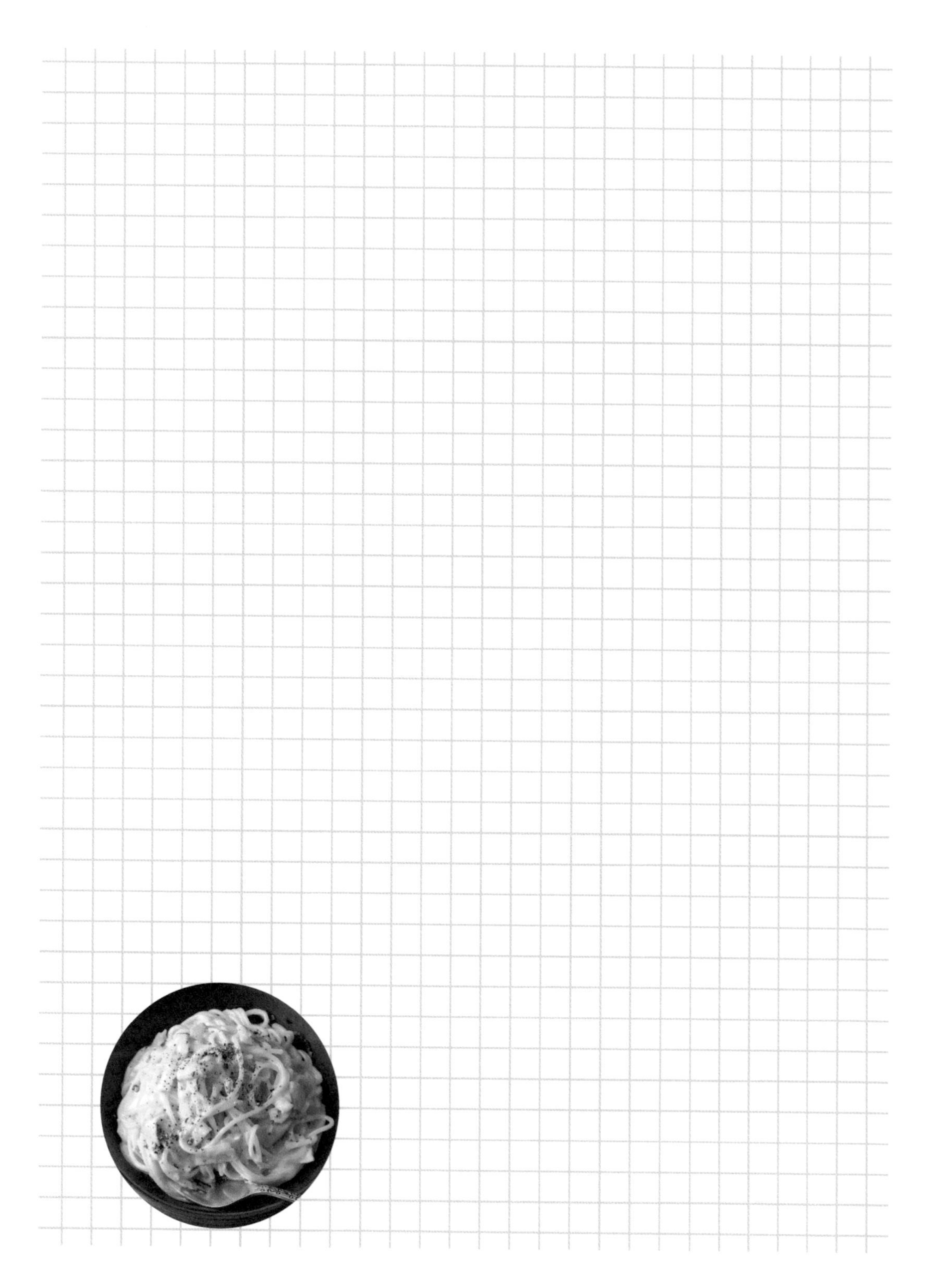

COLUMN 04

義大利麵的調味小變化

義大利麵直接吃就很好，不過，想稍微在味道上做點變化時，推薦你「加點調味料」，添加分量請依個人喜好一邊試味道一邊調整。

起士粉＋粗磨黑胡椒

胡椒起士

溫和的起士粉裡點綴著黑胡椒的辛辣。

韓國辣醬＋美乃滋＋檸檬汁

韓式辣檸檬美乃滋

美乃滋加上韓國辣醬就變成韓式風味。

白芝麻粉＋七味辣椒粉

芝麻七味

白芝麻與七味辣椒粉的豐富香氣很特別，與各種麵食都很搭。

紅紫蘇粉＋青海苔粉

紅紫蘇青海苔粉

幫味道濃厚的料理增添清爽風味的日式組合。

乾燥羅勒＋咖哩粉

咖哩羅勒

不管是肉還是魚都很搭，灑一點就能增添民族料理的風味。

PART 5

蕎麥麵・素麵

蕎麥麵和素麵吃起來滑溜順口，一口接一口的。
不只清爽好入口，跟意料之外的食材也很搭，
請一定要品嘗看看！

竹輪秋葵日式黃芥末蕎麥拌麵

切成輪狀的竹輪與秋葵，讓人享受到充實的口感。
黃芥末帶來的清爽效果，最適合喝酒後享用。

材料（1人份）

蕎麥麵（乾麵）…100g
竹輪…2根
秋葵…5根
A
- 麵味露（3倍濃縮）…1.5大匙
- 市售黃芥末醬…1/3小匙
- 冷水…2大匙

市售黃芥末醬…適量

作法

1. 竹輪切成輪狀；秋葵用（額外）鹽巴搓洗乾淨，用熱水煮大約1分鐘，再泡冷水放涼，並切成輪狀。
2. 蕎麥麵用熱水煮熟，然後用冷水洗麵，再瀝乾水分。
3. 把**A**的素材放進調理碗混合，加入步驟**1**的食材和步驟**2**的麵條攪拌，盛盤後依個人喜好附上市售黃芥末醬。

番茄起士蕎麥麵

新鮮番茄跟橄欖油和麵味露搭配對味，於是便誕生了適合夏日的蕎麥麵，這樣的組合讓人一吃就上癮。

材料（1人份）

蕎麥麵（乾麵）…100g
番茄…1顆（150g）
A 麵味露（3倍濃縮）…1大匙
　橄欖油…1/2大匙
起士粉、香芹（切碎）…各適量

作法

1 番茄切成1cm見方。
2 蕎麥麵用熱水煮熟，然後用冷水洗麵，再瀝乾水分盛盤。
3 把A的素材放進調理碗混合，加入步驟1的食材攪拌後，倒在步驟2的麵條上，最後灑上起士粉和香芹末。

納豆山藥的蕎麥沾麵

納豆直接放進去跟山藥泥一起沾滿蕎麥麵，美味入口。對喜歡黏呼呼口感的人來說，是道愛不釋口又能得到元氣的蕎麥沾麵。

材料(1人份)

蕎麥麵(乾麵)…100g
山藥…60g
納豆…1盒
A | 麵味露(3倍濃縮)…1大匙
納豆的附加醬汁…1包
水…3大匙
青海苔粉…少許

作法

1. 山藥磨成泥後，跟納豆和A的素材放進調理碗裡混合，盛盤後再灑上青海苔粉。
2. 蕎麥麵用熱水煮熟，然後用冷水洗麵，再瀝乾水分盛盤。
3. 把步驟2的麵條沾著步驟1的醬料來享用。

蔬菜絲與蟹肉棒的蕎麥拌麵

正因為只用芝麻與鹽巴簡單調味，所以更能感受到食材的原味。蔬菜清脆的口感給人開心吃沙拉的感覺。

材料（1人份）

蕎麥麵（乾麵）…100g
小黃瓜…1/3根
紅蘿蔔…1/5根（30g）
韭蔥…1/4根
蟹肉棒…5根

A
麻油…1/2大匙
炒白芝麻…1/2大匙
鹽…1/3小匙

作法

1 小黃瓜、紅蘿蔔和韭蔥切成細絲；蟹肉棒用手剝散。
2 蕎麥麵用熱水煮熟，然後用冷水洗麵，再瀝乾水分。
3 把A的素材放進調理碗混合，再加入步驟2的麵條攪拌，最後加進步驟1的食材快速攪拌。

炸麵衣親子蕎麥麵

放上雞肉和半熟蛋的親子蕎麥麵，無疑是絕配。加上炸麵衣碎屑後，讓蕎麥麵更容易吸附湯汁，所以分量也增加了。

材料（1人份）

蕎麥麵（乾麵）…100g
雞腿肉…半片（120g）
洋蔥…1/4顆
蛋…1顆
炸麵衣碎屑…5大匙
A | 麵味露（3倍濃縮）…4大匙
　| 水…1.5杯

作法

1 雞肉切成稍小的一口大小；洋蔥切成薄片；蛋粗略打成蛋液。
2 蕎麥麵用熱水煮熟，然後用冷水洗麵，再瀝乾水分。
3 把A的素材倒進鍋裡，開中火，煮滾後加入步驟1的雞肉和洋蔥，再度煮滾後，撈去浮末，以稍小的中火煮大約3～4分鐘。
4 把步驟2的麵條用熱水快速加熱一下，盛盤後在步驟3的鍋裡加入炸麵衣碎屑，再倒進步驟1的蛋液，等蛋液變成半熟後就關火，全部淋在蕎麥麵上。

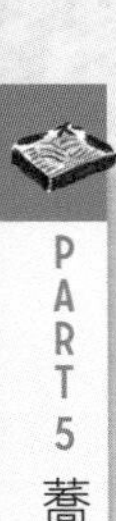

生火腿南蠻蕎麥麵

生火腿經由溫熱的湯自然加熱，所以能夠吃到半熟的生火腿
這也是美味的重點之一，是跟鴨肉南蠻不相上下的組合。

材料（1人份）

蕎麥麵（乾麵）…100g
生火腿…3片
韭蔥…1根
沙拉油…1小匙

A
- 麵味露（3倍濃縮）…4大匙
- 水…1.5杯

作法

1. 生火腿對半切；韭蔥切成5cm長段。沙拉油倒進平底鍋，開稍大的中火加熱，把韭蔥煎到表面酥脆後起鍋。
2. 蕎麥麵用熱水煮熟，然後用冷水洗麵，再瀝乾水分。
3. 把A的素材倒進鍋裡，開中火加熱，煮滾一次。
4. 步驟2的麵條用熱水快速加熱一下，盛盤後再擺上步驟1的食材，並淋上步驟3的湯汁。

茄子和柴魚的芝麻味噌蕎麥麵

加入生薑和芹菜增添風味後，會更加突顯茄子那平淡的鮮味，而芝麻味噌和柴魚不只增進了美味，也確實調和了整體的味道。

材料（1人份）

蕎麥麵（乾麵）…100g
茄子…1根
芹菜…1/4根
柴魚片…1小袋（3g）

A
- 高湯…1/4杯
- 味噌…2小匙
- 生薑（磨成薑泥）…1/4個大拇指指節的分量
- 白芝麻粉…1.5大匙
- 砂糖…1/2小匙

作法

1. 在調理碗裡加入1杯水以及2小匙的（額外）鹽巴混合，再放入切成圓片狀的茄子，然後蓋上廚房紙巾，放置大約10分鐘後，擠乾水分；芹菜則是斜切成薄片。
2. 蕎麥麵用熱水煮熟，然後用冷水洗麵，再瀝乾水分盛盤。
3. 把步驟 **1** 的食材和柴魚片整體攪拌均勻，再放在步驟 **2** 的麵條上，淋上混合後的 **A**。

豬五花與香菇的蕎麥沾麵

只剩下一點點肉的時候，只要冰箱裡有現成的蔬菜就能簡單完成湯頭，也可以用各種蔬菜來加以變化，是個只要記下來就會很方便的食譜。

材料（1人份）

蕎麥麵（乾麵）…100g
豬五花肉片…60g
香菇…1朵
韭蔥…1/4根
A | 麵味露（3倍濃縮）…3大匙
  | 水…1杯
七味辣椒粉…少許

作法

1 豬肉切成1.5cm寬；香菇切成薄片；韭蔥斜切成薄片。
2 把A的素材倒進鍋裡開中火，煮滾後加入步驟1的豬肉，再次煮滾後撈掉浮末，加入步驟1的香菇和韭蔥，煮2～3分鐘。
3 蕎麥麵用熱水煮熟，然後用冷水洗麵，再瀝乾水分盛盤。把步驟2的湯料盛盤，灑上七味辣椒粉，然後用蕎麥麵沾著吃。

醬燒奶油玉米蕎麥炒麵

使用兩種醬汁的美味蕎麥炒麵，加上奶油和大量玉米粒的圓潤口感，就連小孩也很喜歡這一味。

材料（1人份）

蕎麥麵（乾麵）…100g
玉米粒罐頭…半罐（約100g）
奶油…10g
A 中濃醬…2大匙
　蠔油醬…1大匙
粗磨黑胡椒…少許

作法

1. 瀝乾玉米粒的湯汁。
2. 蕎麥麵用熱水煮熟，然後用冷水洗麵，再瀝乾水分。
3. 奶油放進平底鍋裡，開中火加熱，等奶油融化，加入步驟1的玉米粒快炒，然後再加入步驟2的麵條和A的醬汁一起拌炒，盛盤後灑上黑胡椒。

涮豬肉片的梅子素麵

快被炎熱打敗時，可清爽入口讓人得救的麵料理，梅干和白蘿蔔泥恰到好處的酸味是亮點。

材料（1人份）

素麵…2束（100g）
涮涮鍋用豬肉片…5片（50g）
白蘿蔔泥…50g
梅干…1顆
A | 麵味露（3倍濃縮）…1.5大匙
　| 冷水…1/4杯
青紫蘇（撕碎）…適量

作法

1. 在熱水裡加入少許（額外）的鹽和酒，快速汆燙一下豬肉片，然後放到濾網上放涼；白蘿蔔泥瀝乾汁水；梅干去籽後，粗略剁碎。
2. 素麵用熱水煮熟，然後用冷水洗麵，再瀝乾水分。
3. 把步驟**1**的食材整體攪拌後，放在步驟**2**的麵條上，淋上混合後的**A**，再灑上青紫蘇。

小黃瓜和豆芽菜的韓式拌麵

口感清脆的豆芽菜與小黃瓜是帶有餘韻的美味，只要使用魚露和韓國辣醬，就能享受到道地的口味。

材料（1人份）

素麵…2束（100g）
小黃瓜…半根
豆芽菜…半袋（100g）
水煮蛋…1顆
A | 番茄汁（無鹽）…1/4杯
　| 醋…1/2大匙
　| 魚露…1小匙
　| 麻油…1小匙
　| 韓國辣醬…1大匙
韓國海苔（撕碎）…適量

作法

1. 小黃瓜縱切後，斜切成薄片；豆芽菜用熱水汆燙後，放在濾網裡瀝乾水分並放涼；水煮蛋對半切。
2. 素麵用熱水煮熟，然後用冷水洗麵，再瀝乾水分。
3. 把**A**的素材放進調理碗混合，再加入步驟**2**的麵條攪拌，盛盤後放上步驟**1**的食材，最後附上韓國海苔。

涮豬肉片的梅子素麵

小黃瓜和豆芽菜的韓式拌麵

蛋什錦炒素麵

不管是要當配菜，還是下酒菜，都很適合的什錦炒素麵。把鬆軟的蛋跟素麵攪拌在一塊，入口後散發出溫和的滋味。

材料（1人份）

素麵…2束（100g）
蛋…2顆
鹽、胡椒…各少許
麻油…1大匙
A
- 酒…1大匙
- 蒜頭（磨成泥）…1/4瓣的分量
- 鹽…1/3小匙
- 醬油、砂糖、胡椒…各少許

四季蔥（切成蔥花）…適量

作法

1. 把蛋打進調理碗裡，跟鹽和胡椒攪拌混合。
2. 素麵用熱水煮過，時間要比包裝標示少30秒，然後用冷水洗麵，再瀝乾水分，最後用1/2大匙的麻油拌麵。
3. 在平底鍋裡倒進1/2大匙的麻油，以稍大的中火加熱，在把步驟**1**的蛋液倒入，大大地攪拌，等變成半熟時，加入步驟**2**的麵條和**A**的調味料，用大火快炒，盛盤後再灑上四季蔥。

蛤蠣的越南河粉風味素麵

想吃跟平常不一樣的素麵……這個時候就要推薦這道料理，外表看起來跟越南河粉很相似，鮮味滿點的湯頭讓人筷子停不了。

材料（1人份）

素麵…2束（100g）
蛤蠣（吐完沙）…100g
豆芽菜…半袋（100g）

A
- 雞湯粉…1/2小匙
- 檸檬汁…2小匙
- 魚露…1大匙
- 紅辣椒（切成圈狀）…1根的分量
- 鹽…1/4小匙
- 水…2杯

香菜（切段）、檸檬（切成瓣狀）…各適量

作法

1. 把蛤蠣殼碰殼地清洗乾淨。
2. 在鍋裡煮滾大量的熱水，汆燙一下豆芽菜，用網勺撈起，放在濾網裡瀝乾，然後把素麵煮過，用冷水洗麵，再瀝乾水分。
3. 把A的素材放進鍋裡混合，開中火加熱，煮滾之後加入蛤蠣，煮到蛤蠣開口，再加入步驟2的素麵快速加熱一下，盛盤以後放上步驟2的豆芽菜，最後附上香菜和檸檬。

雞胸肉與海帶芽的柚子胡椒熱湯麵

不加任何調味料直接吃，可以品嘗到柔和的味道，但是沾著代替佐料的柚子胡椒吃，就會在口中散發出刺激的柚子香氣，可以享受到不一樣的味道。

材料（1人份）

素麵…2束（100g）
雞胸肉…1條（50g）
海帶芽（乾燥）…1小匙
A ｜高湯…2杯
　｜酒…1/2大匙
　｜鹽…1/3小匙
醬油…1/2大匙
柚子胡椒…適量

作法

1 雞胸肉去筋，把A的素材放進鍋裡混合，開中火，煮滾後，把雞胸肉放進去，一邊撈起浮末一邊煮3～4分鐘，雞胸肉起鍋後用料理筷剝成容易入口的大小；煮雞肉的湯汁先維持原狀放著；海帶芽用大量的水泡發，再擠乾水分。
2 素麵用熱水煮熟，然後用冷水洗麵，再瀝乾水分。
3 在步驟1的鍋裡加進醬油，再次煮滾，然後加入步驟2的素麵加熱，盛盤後放上步驟1的雞胸肉和海帶芽，最後附上柚子胡椒。

番茄湯的沙拉素麵

以番茄為基底的湯頭讓這道配色豐富的麵食別有一番美味。這道美味是在清爽的素麵裡加上番茄與檸檬的酸味，還有酪梨的濃郁鮮味。

材料（1人份）

素麵…2束（100g）
萵苣…1片
酪梨…半顆
黃色甜椒…1/6顆

A | 番茄汁（無鹽）…1/4杯
醬油…1大匙
檸檬汁…1小匙
麻油…1小匙

作法

1. 萵苣撕成一口大小；酪梨切成薄片；黃色甜椒縱切成薄薄的細條。
2. 素麵用熱水煮熟，然後用冷水洗麵，再瀝乾水分盛盤。
3. 把步驟**1**的食材在調理碗裡快速攪拌，然後放到步驟**2**的麵條上，再淋上混合後的**A**。

小黃瓜與生薑的水雲醋素麵

黏呼呼的素麵，沾上帶有清爽餘韻的水雲醋沾醬，把素麵分成一口大小盛盤，既方便取用又美觀。

材料（1人份）

素麵…2束（100g）
小黃瓜…1/4根
生薑（磨成泥）
…1/4個大拇指指節的分量

A
調味水雲（市售）
…1盒（70g）
麵味露（3倍濃縮）
…1大匙
檸檬汁…1小匙
冷水…1/2杯

作法

1. 小黃瓜切成圓片放進調理碗裡，灑上少許的（額外）鹽巴攪拌，放置大約5分鐘後再擠乾水分。
2. 素麵用熱水煮熟，然後用冷水洗麵，再瀝乾水分盛盤。
3. 把A的素材混合後盛盤，再放上步驟1的小黃瓜和薑泥，然後用步驟2的素麵沾著吃。

清爽佐料的鹽味熱湯麵

淺色高湯對比出色彩鮮豔的佐料，是一道暖和的麵，在夏日累積疲勞時，可以調整身心狀態。

材料（1人份）

素麵…2束（100g）
蘘荷…1個
生薑…1個大拇指指節的分量
四季蔥…2根
梅干…1顆
A｜高湯…2杯
　｜酒、淡色醬油…各1/2大匙
　｜鹽…1/3小匙

作法

1 把蘘荷、生薑切成細絲；四季蔥斜切成段，泡一下水後瀝乾水分。
2 素麵用熱水煮熟，然後用冷水洗麵，再瀝乾水分。
3 把 **A** 的素材放進鍋裡混合，開中火煮，煮滾後加入步驟 **2** 的麵條加熱，盛盤。把步驟 **1** 的食材放進調理碗裡攪拌，然後放到麵上，再放上梅干。

番茄和鯷魚的橄欖醬油素麵

素麵上的大量小番茄給人留下華麗的印象，雖然配料跟調味料都很簡單，但是加上鯷魚的風味後，就成了味道有深度的一道料理。

材料（1人份）

素麵…2束（100g）
小番茄…8顆
醃漬鯷魚…2片
A｜醬油…2小匙
　｜橄欖油…1/2大匙
西洋菜…適量

作法

1 小番茄對半切；醃漬鯷魚剁碎。
2 素麵用熱水煮熟，然後用冷水洗麵，再瀝乾水分。
3 把 **A** 的調味料放進調理碗裡混合，再加入步驟 **2** 的麵條和步驟 **1** 的食材，整體攪拌均勻後盛盤，如果有西洋菜就附上。

清爽佐料的鹽味熱湯麵

番茄和鯷魚的橄欖醬油素麵

一個人的快樂麵食趴
輕鬆又簡單的獨享時光

作　　者　市瀨悅子
譯　　者　劉季樺

發 行 人　林敬彬
主　　編　楊安瑜
副 主 輯　黃谷光
責任編輯　黃谷光
內頁編排　黃谷光
封面設計　彭子馨（Lammy Design）

出　　版　大都會文化事業有限公司
發　　行　大都會文化事業有限公司
11051台北市信義區基隆路一段432號4樓之9
讀者服務專線：(02) 27235216
讀者服務傳真：(02) 27235220
電子郵件信箱：metro@ms21.hinet.net
網　　址：www.metrobook.com.tw

郵政劃撥　14050529 大都會文化事業有限公司
出版日期　2016年05月初版一刷
定　　價　350元
I S B N　978-986-5719-78-4
書　　號　i-cook-09

國家圖書館出版品預行編目（CIP）資料

一個人的快樂麵食趴：輕鬆又簡單的獨享時光 /
市瀨悅子 著.
-- 初版. -- 臺北市，大都會文化，2016.05
128 面 ; 17×23 公分.

ISBN 978-986-5719-78-4（平裝）

1.麵食食譜

427.38　　105006257

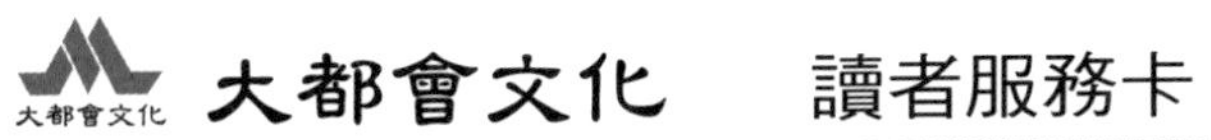

書名：一個人的快樂麵食趴：輕鬆又簡單的獨享時光

謝謝您選擇了這本書！期待您的支持與建議，讓我們能有更多聯繫與互動的機會。

A. 您在何時購得本書：______年______月______日

B. 您在何處購得本書：____________書店，位於____________(市、縣)

C. 您從哪裡得知本書的消息：

1.□書店　2.□報章雜誌　3.□電台活動　4.□網路資訊

5.□書籤宣傳品等　6.□親友介紹　7.□書評　8.□其他

D. 您購買本書的動機：（可複選）

1.□對主題或內容感興趣　2.□工作需要　3.□生活需要

4.□自我進修　5.□內容為流行熱門話題　6.□其他

E. 您最喜歡本書的：（可複選）

1.□內容題材　2.□字體大小　3.□翻譯文筆　4.□封面　5.□編排方式　6.□其他

F. 您認為本書的封面：1.□非常出色　2.□普通　3.□毫不起眼　4.□其他

G. 您認為本書的編排：1.□非常出色　2.□普通　3.□毫不起眼　4.□其他

H. 您通常以哪些方式購書：(可複選)

1.□逛書店　2.□書展　3.□劃撥郵購　4.□團體訂購　5.□網路購書　6.□其他

I. 您希望我們出版哪類書籍：（可複選）

1.□旅遊　2.□流行文化　3.□生活休閒　4.□美容保養　5.□散文小品

6.□科學新知　7.□藝術音樂　8.□致富理財　9.□工商企管　10.□科幻推理

11.□史地類　12.□勵志傳記　13.□電影小說　14.□語言學習（____語）

15.□幽默諧趣　16.□其他

J. 您對本書（系）的建議：

____

K. 您對本出版社的建議：

____

讀者小檔案

姓名：______________ 性別：□男　□女　生日：____年____月____日

年齡：□20歲以下 □21～30歲 □31～40歲 □41～50歲 □51歲以上

職業：1.□學生 2.□軍公教 3.□大眾傳播 4.□服務業 5.□金融業 6.□製造業

7.□資訊業 8.□自由業 9.□家管 10.□退休 11.□其他

學歷：□國小或以下 □國中 □高中／高職 □大學／大專 □研究所以上

通訊地址：____

電話：（H）______________（O）______________ 傳真：______________

行動電話：__________________E-Mail：______________________________

◎謝謝您購買本書，歡迎您上大都會文化網站（www.metrobook.com.tw）登錄會員，或至Facebook（www.facebook.com/metrobook2）為我們按個讚，您將不定期收到最新的圖書訊息與電子報。

大都會文化事業有限公司
讀者服務部 收

11051台北市基隆路一段432號4樓之9

寄回這張服務卡〔免貼郵票〕
您可以：
◎不定期收到最新出版訊息
◎參加各項回饋優惠活動

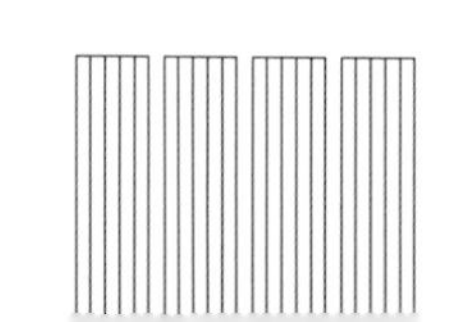

義大利麵！
パスタ

蕎麥麵！
そば

COUPON
來店消費
憑券點拉麵
送 30 元
拉麵配料
任選 1 種

横浜家系拉麵「特濃屋」

店內使用日本特製壓力鍋，每日為您燉煮 100% 新鮮豚骨湯。加上密傳醬油料，配上口感佳的中粗麵條！特濃屋特製拉麵一定讓您愛不釋手！還有現點現炸的超大炸雞塊，您也一定要來試試！

日本製特製巨大圧力釜による店内製造 100% 濃厚豚骨スープ。秘伝の醤油タレと合わせ、中太ストーレート麺とよく絡む。特濃屋独自の深い味わいに、箸とレンゲがもう止まりません。もう一つの目玉、デカ鶏から揚げと一緒に召し上がれば天国へお連れすることが出来ます。是非ご賞味下さい。

COUPON
來店消費
憑券一律
9 折

暮暮うどん

座落於台北市松山區的道地日式烏龍麵店

「暮暮」一天太陽將落時分，旅人最想家的時刻。
烏龍麵條彈牙又直白的巧勁，
配上清澈的湯更帶給人千絲萬緒的回味，
酥炸過後的天婦羅咔吡咔吡地作響，
此時來一杯醉翁之酒，一解煩憂，
一碗烏龍麵是住在心裡家的味道。
單純，卻溫暖。

COUPON
來店消費
憑券點担担麵
可兌換
時節小菜
一份

川味 老鄧担担麵

老鄧一四川廣安人。祖上三代就以賣麵為生，直到民國 38 年跟隨國軍來台，一路在連雲街橋邊的小棚子到現在古色古香的店面。目前傳到第四代的我們，還是堅持以前的手工，用最樸實真誠的心，做出想念的味道。歡迎大家一起來嚐嚐我們的家鄉味！

COUPON
來店消費
憑券點
義大利麵
送一份
炸薯條
or
手作黑糖
香蕉蛋糕

茱蒂廚房

JUDY

Judy 廚房是一間鄰近國父紀念館巷弄中的小店，店家餐點從選材、備料、醃製到烹調，都是由老闆用心製作。希望提供一個舒適溫馨的場所，不論出遊、聚會或逛街累了想歇腳時，可以放鬆愜意地享受不同類型的美食，像是義大利麵、簡餐、輕食、手做甜點或香濃的咖啡等等！

COUPON
來店消費
憑券一律
9 折
不含酒水、不提供外帶
不得與其他優惠活動併用

江戸切りそば
粉から自家製麺
ゆで太郎
YUDETAROU 湯太郎蕎麥麵

日本 NO.1蕎麥麵品牌「湯太郎 YUDETAROU」，以提供新鮮、美味且健康的蕎麥麵為理念，堅持從日本進口獨家配方蕎麥粉，每日於專屬中央製麵所製作新鮮蕎麥麵，細切成 1.4mm 的江戶風蕎麥麵口感更滑順。嚴選老字號醬油、柴魚、味醂調製獨特沾麵醬汁，搭配蕎麥麵原湯與蔥花芥末，蕎麥香與醬汁的優雅甘味，帶給消費者至高的幸福美味。標榜自助式取餐的副品牌「湯太郎 EXPRESS」，透過全新的『快速平價＝快食尚』模式，讓消費者以更平易的價格享受同樣高品質的蕎麥麵。

橫濱家系拉麵「特濃屋」

台北市中山北路 2 段 77 巷 22 號

02-2522-2808

www.facebook.com/tokunouya

營業時間：

週二～週日 11:00 - 15:00

17:00 - 22:00

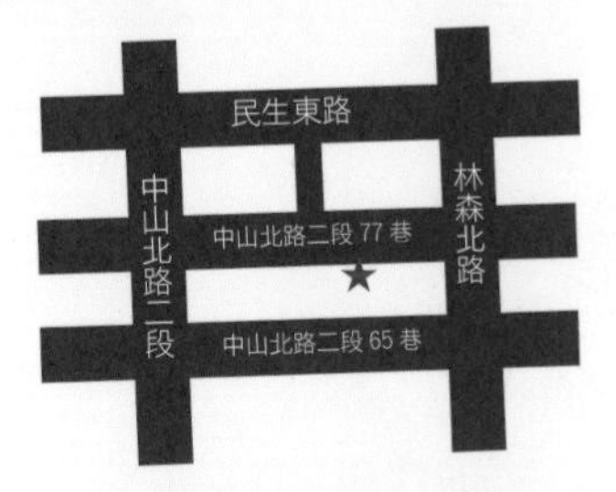

本優惠券係由大都會文化事業有限公司與台灣的橫濱家系拉麵「特濃屋」共同合作，提供本書《一個人的快樂麵食趴》讀者獨家享用，僅限正本使用，複印一概無效，相關優惠不得兌現，僅適用左方標示店家，店家保有隨時調整活動辦法及優惠內容之權力。

有效期限至

2017/04/30

暮暮烏龍麵

台北市松山區寶清街 71 號

（南京三民站四號出口）

02-2767-2771

www.facebook.com/mumuudon71

營業時間：

週二～週日 11:30 - 14:30

17:30 - 21:00

本優惠券係由大都會文化事業有限公司與台灣的暮暮烏龍麵共同合作，提供本書《一個人的快樂麵食趴》讀者獨家享用，僅限正本使用，複印一概無效，相關優惠不得兌現，僅適用左方標示店家，店家保有隨時調整活動辦法及優惠內容之權力。

有效期限至

2017.04.30

老鄧担担麵

台北市中正區連雲街 83 號

02-2341-1260

www.facebook.com/dengdeng83

營業時間：

週一～週日 10:00 - 14:30

17:00 - 21:00

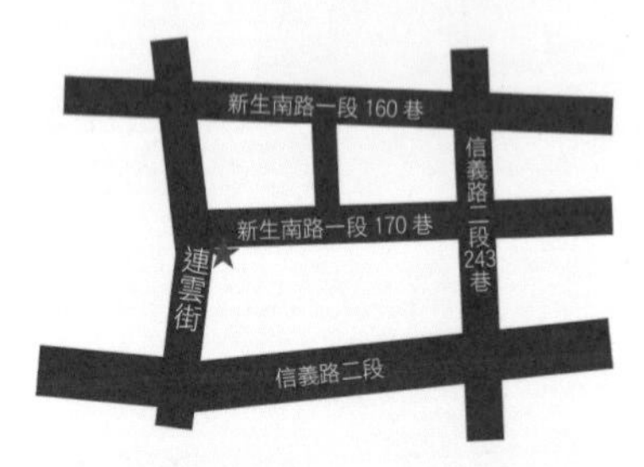

本優惠券係由大都會文化事業有限公司與台灣的橫濱家系拉麵「特濃屋」共同合作，提供本書《一個人的快樂麵食趴》讀者獨家享用，僅限正本使用，複印一概無效，相關優惠不得兌現，僅適用左方標示店家，店家保有隨時調整活動辦法及優惠內容之權力。

有效期限至

2017.04.30

茱蒂廚房

台北市信義區光復南路 419 巷 72 號

02-8780-2280

www.facebook.com/kitchenjudy

營業時間：

平日 11:30 - 21:00

假日 09:30 - 21:00

（供餐至 20：00）

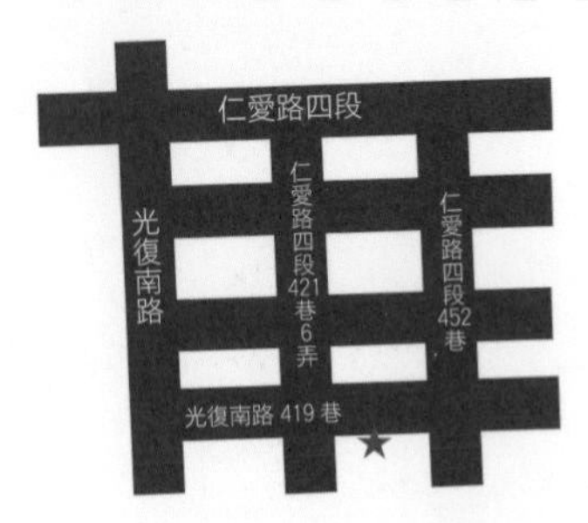

本優惠券係由大都會文化事業有限公司與台灣的茱蒂廚房共同合作，提供本書《一個人的快樂麵食趴》讀者獨家享用，僅限正本使用，複印一概無效，相關優惠不得兌現，僅適用左方標示店家，店家保有隨時調整活動辦法及優惠內容之權力。

有效期限至

2017.04.30

湯太郎蕎麥麵 富錦店

台北市富錦街 448 號　02-2767-7228

www.yukarigroup.com/Yudetarou/

www.facebook.com/YudetarouExpress

營業時間：週一～週日 12:00 - 21:00（無公休）

湯太郎 EXPRESS 微風南京店

台北市南京東路三段 337 號 4 樓　02-2712-6628

www.facebook.com/YudetarouExpress

營業時間：週一～週日 11:00 - 22:00（無公休）

本優惠券係由大都會文化事業有限公司與台灣的湯太郎蕎麥麵共同合作，提供本書《一個人的快樂麵食趴》讀者獨家享用，僅限正本使用，複印一概無效，相關優惠不得兌現，僅適用左方標示店家，店家保有隨時調整活動辦法及優惠內容之權力。

有效期限至

2017.04.30